Ulrich Geiger

Computer.Deutsch

Bibliografische Information der Deutschen Nationalbibliothek:
Die Deutsche Nationalbibliothek verzeichnet diese Publikation in der Deutschen Nationalbibliografie; detaillierte bibliografische Daten sind im Internet über http://dnb.dnb.de abrufbar.

© 2013 Ulrich Geiger

Herstellung und Verlag: BoD – Books on Demand, Norderstedt

ISBN: 978-3-7322-5391-3

Für Alex.

Die Reise in ein fremdes Land

Die Welt der Computer ist für viele von uns eine Welt mit sieben Siegeln. Dieses Wörterbuch bietet Ihnen Orientierung und übersetzt die wichtigsten Fachbegriffe von 24 bis 1080 und von A bis Z aus der Computerwelt ins Deutsche.

Ergänzende, vertiefende Ratgeber und konkrete Kaufberatungen zu den wichtigsten Themenfeldern machen Sie fit für den Eintritt in eine scheinbar fremde Welt. Der Autor legt großen Wert auf Verständlichkeit, das Lesen soll Ihnen Spaß machen. So finden Sie in diesem Buch einen Wechsel aus Vokabeltrainer und Kapiteln mit handfesten Tipps, die Sie sofort im Alltag umsetzen können.

Lassen Sie sich entführen – in ein noch fremdes Land – das Land der Computer. Mit diesem Reiseführer werden Sie sicher ans Ziel kommen. Viel Spaß – und Gute Reise!

Inhaltsverzeichnis

Kapitel 1	Ein fremdes Land	6
Kapitel 2	Willkommen	9
Kapitel 3	Apps	18
Kapitel 4	Bewertungsportale	24
Kapitel 5	Computer kaufen	32
Kapitel 6	Druckerkauf	45
Kapitel 7	Einkaufen Im Internet	55
Kapitel 8	Garantie/Gewährleistung	66
Kapitel 9	Die digitale Identität	81
Kapitel 10	Notebook oder Netbook	108
Kapitel 11	Onlineverkauf	116
Kapitel 12	Reparieren statt entsorgen	133
Kapitel 13	Soziale Netzwerke	152

Kapitel 14	Tablet Computer	160
Kapitel 15	Die „UVP"	171
Kapitel 16	Viren	177

Willkommen!

Die Einreise in das Reich der Computer gestaltet sich einfach. Jeder darf rein. Aber nachdem wir die Drehtür des Elektronik-Discounters passiert haben, ist alles ganz anders.

So wie das nun mal ist in einem fremden Land. Viel zu sehen gibt es hier, viel zu erkunden, aber wir verstehen kein Wort. Dabei waren wir ursprünglich davon ausgegangen, Deutschland gar nicht verlassen zu haben.

Zum Glück sind wir nicht allein – wir entdecken noch mehr kleine Grüppchen. Menschen wie Du und ich, die verzweifelt nach Orientierung suchen.

Ganz Mutige versuchen, sich mit einem Einheimischen zu verständigen. Davon scheint es aber sonderbar wenige zu geben. In einer gestenreichen, naturgemäß etwas einseitigen Diskussion in einer eigentümlichen Sprache schnappen wir Begriffe auf, wie „Shared Memory", „Atom-Prozessor" und „High Defintion Audio System" auf.

Wir sind glücklich, denn unser Schulenglisch und letzte Erinnerungen helfen uns weiter: Ja memory, die Erinnerung. Klar doch! Und sofort schwelgen wir in „sweet memories".

„To share" heißt teilen. Als Kind haben wir gelernt, dass teilen richtig ist und Erinnerungen meistens gut. Also: Geteilte Erinnerungen. Klingt irgendwie gut und überzeugend.

Die Kraft des Atoms, das haben wir uns von dem sonst so unverständlichen daher plaudernden Physikpauker gemerkt, ist unbändig und High Definition ist sicher sehr modern.

Sehr nett dieser Mensch, der uns das alles erklärt. Obwohl er ja jeden Tag diese vielen Unwissenden aufzuklären hat. Und wir bewundern seine Geduld.

Dann aber kommen wir ins Grübeln. Und kommen auf ganz andere Ergebnisse. Denn wie so häufig, wenn man eine Sprache nicht gut versteht, haben auch wir uns leider etwas getäuscht. Beim Computer ist teilen gar nicht gut, er braucht seinen Speicher (memory) allein für sich!

Ein Atom ist winzig und man braucht schon verdammt viele davon, um richtig Kraft entfalten zu können und die Sache mit dem tollen Audio-System ist auch gar nicht so toll.

Schnell vergeht uns also die Freude an unserer neuen Errungenschaft. Nur ein paar hilfreiche Übersetzungshilfen hätten uns hier weiter geholfen, sodass wir unseren Pappkarton so richtig genießen können. Beginnen wir also mit ein paar Vokabeln.

24 bis 1080

24P

...oder 24fps (frames per second) Kinostandard für die Anzahl der Bilder pro Sekunde. Klassisches Fernsehen läuft mit 25 fps, das Kino kennt aber nur 24 Bilder pro Sekunde. Um Kinofilme in optimaler Qualität auf dem TV-Gerät darstellen zu können, sollte der Fernseher auch den Standard 24p beherrschen.

100 Hertz-Technik

Normale Fernseher bauen das Bild 50 mal pro Sekunde auf. Das reicht eigentlich aus, damit das menschliche Auge diese einzelnen Bilder nicht mehr einzeln, sondern als Film wahrnimmt. Trotzdem bleibt ein leichtes Flimmern, das wir besonders bei schnellen Bewegungen oder hellen Bildern als störend und ermüdend empfinden. Daher errechnen moderne Fernseher zusätzliche Zwischenbilder, die das normale Fernsehbild ergänzen.

Damit sehen wir nun 100 Bilder pro Sekunde, die das Auge als nahezu flimmerfrei wahrnimmt.

200 Hertz-Technik

Funktioniert analog der 100 Hertz-Technik. Allerdings stoßen die Fernsehsysteme hier an Grenzen, es entstehen unter Umständen unangenehme Nebeneffekte in der Darstellung.

600 Hertz Subfield Motion

Ein Plasmafernseher zündet 600 mal pro Sekunde, um das Bild aufzubauen. Das klingt gut, ist aber kein entscheidendes Qualitätsmerkmal beim Fernsehkauf, nicht zu verwechseln mit der → 100 Hertz-Technik bei LCD-Fernsehern.

3D

3-Dimensionales Video kennen wir aus dem Kino, nun gibt's das räumliche Heimkino zu erschwinglichen Preisen auch für zuhause. Der 3-D-Effekt funktioniert gut, allerdings ist die Auswahl an Filmen noch begrenzt. Dreidimensionales Fernsehen wird es in absehbarer Zeit noch nicht geben.

802.11 Festlegung des Standards für drahtlose Datennetze (W-LAN), üblich sind heutzutage 802.11g oder 802.11n, wobei 802.11n die leistungsfähigste Verbindung darstellt.

1080P Die Zahl 1080 steht beim Fernseher für die Anzahl der Pixel in einer Reihe, das P steht für -> Progressive Scan, also „Vollbilddarstellung", durch die Vollbilddarstellung erscheint das Fernsehbild ruhiger.

A

A-GPS Assisted Global Postitioning System, Erweiterung des klassischen GPS-Systems, A-GPS verarbeitet neben den Satellitendaten auch Navigationsdaten aus dem Mobilfunknetz.

AAC Datenformat für Musik. Steht für Advanced Audio Coding, macht Musikdateien deutlich kleiner, besser als MP3

Account Kundenkonto

Active X Von Microsoft entwickelte, kostenlose Programmtechnik, um das Internet auf dem Computer bunter zu machen. Bietet viele Komfortfunktionen, hat aber immer wieder mit großen Sicherheitsproblemen zu kämpfen.

Adobe Reader

Kostenloses Programm der Firma Adobe, um Dokumente im „PDF"-Standard darzustellen. Der Adobe Reader ist immer wieder Angriffspunkt von Schadprogrammen und sollte immer auf dem aktuellen Stand gehalten werden, um Sicherheitslücken zu schließen.

Android

Betriebssystem für Smartphone und Tablet-Computer, das in direkter Konkurrenz zu den Betriebssystemen i-OS von Apple oder auch Windows Phone steht.

Antivirenprogramm

Schützt Sie vor Angriffen von Viren, Würmern und Trojanern. Auf jedem Computer muss so ein Schutzprogramm installiert sein.

Any-Key-Taste

Irgend eine beliebige Taste, es gibt keine „Any-Key-Taste", „press any key to continue" bedeutet, dass

Sie irgend eine Taste drücken sollen, damit der Computer den nächsten Arbeitsschritt vollzieht.

App Abkürzung für „application", zu deutsch „Applikation", also Programm. Im Fachjargon heißt es daher auch „die" App

AVCHD Abkürzung für „Advanced Video Codec High Definition", einem → Kompressionsverfahren für Videofilme in HD-Qualität. Die Filme werden dabei nicht mehr auf Band, sondern auf Festplatte oder Speicherbausteinen abgelegt.
Nicht alle Videoschnittprogramme kommen mit dem Format klar, auch der Computer, mit dem Sie Ihre AVCHD-Filme schneiden möchten, hat mit diesem Format viel zu rechnen und muss daher sehr leistungsfähig sein.

Apps: Eine wunderbare Erfindung

Apps, das sind die Applikationen, also die Programme, die ein Smartphone oder das Tablet erst so richtig interessant machen.

Diese Apps erscheinen als keine Bildchen auf Ihrem Bildschirm. Wünschen Sie sich ein Programm – Sie werden es im App-Angebot für Ihr Tablet ganz sicher finden: den Reiseführer des großen Automobilclubs, den Wetterbericht oder das Programm, um chinesisch zu lernen.

Viele dieser Apps sind kostenlos zu haben und finanzieren sich über Werbeeinblendungen. Andere Apps kosten nur ein paar Cent, manche im professionellen Bereich sind richtig teuer.

Allein Apple gibt an, über 800.000 Apps verfügbar zu haben. Im Google Play Store sind es zwar nicht nicht ganz so viele, aber das Angebot wächst stetig. Microsoft tut sich mit seinem Marketplace noch etwas schwer.

Das gute an den Apps: Sie lassen sich ganz einfach installieren, und wenn Ihnen ein Programm nicht gefällt, dann können Sie es ebenso einfach wieder von Ihrem Smartphone oder dem Tablet entfernen.

Wenn Sie ein Programm gekauft haben, erhalten Sie allerdings Ihr Geld nicht zurück.

Viele kostenpflichtige Apps bieten „kleine Brüder" an, also Probierversionen, die kostenfrei sind, dafür aber nicht alle Optionen bieten oder Werbung einblenden. Diese Werbebanner können in doppelter Hinsicht teuer werden: Zum einen laden diese Werbeeinblendungen ständig Daten aus dem Internet nach. Wenn Sie keinen Pauschaltarif für Ihren mobilen Internetzugang haben, kostet das jedes Mal Geld.

Zum anderen verbergen sich hinter einigen dieser Banner Abo-Modelle. Klicken sie aus Versehen so ein Werbebildchen an, dann handeln Sie sich schneller ein kostenpflichtiges Abo ein, als Sie es vermuten. Durch den direkten Zugang zu Ihrer Telefonrechnung können die dubiosen Anbieter dann auch gleich Geldforderungen geltend machen.

Kontrollieren Sie also immer genau Ihre Telefonrechnung.

Um den Überblick über wirklich gute Apps zu erhalten, bieten einige findige Firmen eine App an, die andere Apps für sie sucht. Das ist sehr praktisch, denn so verpassen Sie kein neues Angebot.

B

Back up — Datensicherung, sollten Sie regelmäßig einmal im Quartal durchführen und wichtige Dateien von der Festplatte auf DVD oder eine Sicherungsfestplatte überspielen, damit nichts verloren geht.

Betriebssystem — Basisprogramm für jeden Computer, das sämtliche Komponenten, wie Bildschirm, Tastatur und Drucker verwaltet. Das Betriebssystem bietet das Gerüst, in dem Sie später andere Programme wie eine Textverarbeitung oder ein Videoschnittprogramm einhängen, bzw. installieren können.
Das bekannteste Betriebssystem ist Windows von Microsoft.

Bewertungsportale — Hier tauschen sich Reisende über das Hotel am Urlaubsort aus, es werden aber auch Erfahrungen über

Dienstleister im Internet diskutiert oder konkrete Geräte bewertet. Bewertungsportale können sehr hilfreich bei der Urlaubsbuchung oder einer Kaufentscheidung sein, häufig sind aber Bewertungen von den Dienstleistern oder Herstellern geschönt.

Bildrauschen

Vom Radio kennen wir das Rauschen im Lautsprecher, wenn wir einen Sender suchen. Aber nicht nur das Ohr hört Rauschen, das Auge kann Bildrauschen sehen. Machen Sie mal den Test und schauen Sie bei einem schwarzen Bild im Fernseher oder beim digitalen Fotoapparat genau hin. Dann sehen Sie tanzende weiße oder bunte Bildpunkte, die da eigentlich gar nicht hingehören. Je schlechter das eigentliche Bildsignal ist, umso höher ist der Rauschanteil.

BIOS

„Basic Input Output System", dieses System sagt dem Haufen Elektonik-Bauteile in Ihrem Computer, dass er ein Computer ist und stellt die Kommunikation zwischen diesen Komponenten sicher.

Das BIOS ist vergleichbar mit der Motorsteuerung im Auto. Das BIOS ist auf einem Chip im Rechner gespeichert und meldet sich beim Start an erster Stelle.

Sie haben mit dem BIOS normalerweise nichts zu tun.

Blue Ray

Die Blue Ray Disc ist die Nachfolgerin der DVD und kann fünfmal mehr Daten speichern. Damit kann das Blue Ray Videosystem eine deutlich höhere Bild- und Tonqualität bieten. Der Name Blu Ray stammt von der blau-violetten Färbung des Laserstrahls, der das Speichermedium abtastet.

Browser

To browse könnte man übersetzen mit „bummeln". Browser sind die Programme, die es uns ermöglichen, im Internet zu „bummeln". Sie zeigen die Inhalte aus dem Internet auf unserem Computer an. Bekannte Internet-Browser sind der Internet-Explorer, Mozilla Firefox, Google Chrome oder das Programm Safari. Internet-Browser sind üblicherweise kostenfrei

Buddy Zu Deutsch „Kumpel", in den → sozialen Netzwerken sind Buddies Menschen, mit denen Sie irgendwo und irgendwann mal in Kontakt getreten sind. Sie können interessante Bekanntschaften auf Buddy-Listen sammeln.

Bewertungsportale: Trau schau wem!

Bewertungsportale haben so etwas Vertrauenswürdiges. Da sind nur Menschen unterwegs – so wie Du und ich. Erster Irrtum.

Die bewerten ehrlich und objektiv, nicht wie diese verklärten Werbebotschaften. Zweiter Irrtum.

Und Bewertungsportale sorgen dafür, dass Anbieter ihr eigenes Angebot nicht selbst bewerten dürfen. Dritter Irrtum.

Aber der Reihe nach. Klar vertrauen wir einem Nachbarn, der sich gerade einen neuen Fernseher gekauft hat und damit erste Erfahrungen gesammelt hat, mehr als dem Verkäufer, der uns vielleicht nur einen Ladenhüter aufschwatzen wollte. Und die befreundete Familie, die zufällig in genau dem Hotel Urlaub gemacht hat, das wir uns auch ausgesucht haben, ist für uns doch eine erstklassige Quelle für eine objektive Bewertung.
Damit sind wir die Erfahrungsberichte in den Portalen viel mehr wert, als ein Foto im Prospekt mit der schönen passenden Werbebotschaft dazu.

Aber glauben Sie, das hätten die Konzerne, die Händler, die Reiseanbieter nicht schon längst bemerkt? Sie schicken Agenten in die Foren, die gekaufte Bewertungen verfassen.

„Ja, der Ausschalter beim Fernseher ist ein bisschen fummelig, aber sonst es dieses Gerät der beste Fernseher, den XX in den letzten zehn Jahren auf den Markt gebracht hat. Das Preis-Leistungsverhältnis, die Ergonomie – unschlagbar. Immer wieder!", schreibt Klaus, Familienvater, 49 und vergibt fünf Sterne.

Allerdings: Klaus, Familienvater, 49 gibt es gar nicht – diese Bewertung stammt von einer Agentur. Was können wir noch glauben?

Zugegeben. Die Forenbetreiber haben es schwer, gefälschte Bewertungen herauszufiltern. Wie sollen sie auch kontrollieren, ob es Klaus, Familienvater, 49 wirklich gibt und ob er sich wirklich genau diesen Fernseher gekauft hat.

In einigen Reiseforen gibt es zumindest ein kleines Kontrollinstrument: Dort müssen die Reisenden wirklich die Übernachtung nachweisen, um eine Bewertung abgeben zu können. Dennoch: In den Bewertungsforen sind wir auf unsere eigene Spürnase angewiesen. Vertrauen Sie niemandem.

Was also ist zu tun?

Achten Sie genau auf den Text: Würde ein normaler Klaus, Familienvater, 49 üblicherweise vom „Preis-Leistungsverhältnis" sprechen? Ich kenne niemanden in meinem Umfeld, der abends in der Kneipe dermaßen gestelzte Botschaften verkündet.

Wenn im Hotel einfach alles „in wunderschönem Ambiente, perfekte Küche und zuvorkommender Service" ist - dann kann ich mir so ein Hotel eigentlich gar nicht leisten.

Bewährt hat es sich, die negativen Bewertungen anzuschauen. So bekommen Sie einen guten Überblick über die Qualität der Ware oder des Dienstleistungsangebotes.

Überlegen Sie anschließend, ob diese Abwertungen für Sie überhaupt relevant sind. Negative Bewertungen stimmen im Allgemeinen. Wenn Sie kein 3D-Video anschauen möchten, dann ist es auch egal, ob die 3D-Funktion des Fernsehers nicht so toll ist, aber dafür der Ton klar und sauber aus dem Lautsprecher tönt. Denn das könnte für Sie ja viel bedeutsamer sein.

Weil der Nutzer zuerst Kritik an einem wichtigen Ausstattungsmerkmal übt, können Sie davon ausgehen, dass die Bewertung wirklich echt ist.

Lesen sie quer – dann bekommen Sie einen Eindruck. Polarisiert ein Angebot oder ein Gerät, weil es nur ganz tolle Bewertungen und ganz schlimme, dann rate ich zur Vorsicht. Hier stimmt meist etwas nicht.

Folgt auf eine Abwertung umgehend eine Lobeshymne, auch dann wäre ich ebenfalls vorsichtig.

Denken Sie daran, dass Foreneinträge einen ganz subjektiven Hintergrund haben. Dort sitzt keine Redaktion, die die Einträge auf Faktensicherheit kontrolliert. Wenn jemand einen schlechten Tag hatte und sich mit dem Hotelpersonal angelegt hat, dann kann das schon ausreichen, um ein ansonsten hervorragendes Hotel abzuwerten. Oder wenn ein Gerät nicht den speziellen Vorstellungen entspricht, dann muss es deshalb nicht grundsätzlich schlecht sein. Lesen Sie also Forenbewertungen sehr kritisch.

Und scheuen Sie sich nicht, auffällige Bewertungen dem Forenbetreiber zu melden, so helfen Sie uns allen, nicht in die Falle zu tappen und die Schummler zu enttarnen.

C

Chat

Die Plauderecken im Internet. Hier „trifft" man sich und tauscht sich aus. Ein Chat im Internet funktioniert live, Mitteilungen -meist in Textform- werden also direkt übertragen, so ähnlich wie bei der SMS auf dem Handy. Viele Chats bieten aber auch die Möglichkeit, neben reinem Text auch Bilder und Videos auszutauschen.

Chipsatz

Die Infrastruktur Ihres Computers. Ihr Computer benötigt neben dem → Prozessor noch viele andere Bauteile, um die Daten innerhalb des Computers auszutauschen und an Bildschirm oder Lautsprecher weiterzugeben.

Je besser und aufwändiger diese Bauteile ausgeführt und aufeinander abgestimmt sind, um so leistungsfähiger ist das Gesamtsystem.

Ein schneller Prozessor allein macht also noch keinen schnellen

Computer.
Es ist so ähnlich wie beim Auto: Ein starker Motor nutzt gar nichts, wenn das Fahrwerk nichts taugt.

Chrome OS Alternatives → Betriebssystem von Google. Chrome OS wurde für mobile Computer entwickelt und auf deren Bedürfnisse abgestimmt. Das Betriebssytem basiert auf → Linux und ist kostenlos erhältlich.

CI-Slot Den brauchen Sie, wenn Sie verschlüsselte Fernsehprogramme empfangen möchten.
Dieser Anschluss im Fernsehgerät oder in der Settop-Box nimmt die entsprechende Abokarte Ihres Dienstleisters auf.
Auf dieser Abokarte sind die nötigen Informationen enthalten, um die Verschlüsselung aufzuheben und das Programm sichtbar zu machen.

Cloud Computing Mit dieser Technik haben Sie Ihre Fotos, die Musiksammlung oder wichtige Dokumente immer

verfügbar. Beim Cloud-Computing speichern Sie diese Daten nicht mehr auf der Festplatte Ihres Computers ab, sondern nutzen einen → Cloud Service im Internet.
Dieser Dienstleister hält Ihre Daten für Sie vor, über das Internet können Sie von jedem Ort der Welt aus auf Ihren persönlichen Datenspeicher zugreifen.
Das ist sehr praktisch, viele Nutzer fühlen sich aber nicht wohl dabei, persönliche Daten „irgendwo im Internet" abzuspeichern. Bislang sind aber keine relevanten Sicherheitslücken bei den Datenwolken aufgetreten. Sie benötigen immer einen Internetzugang, um an Ihre Daten zu gelangen.

Cloud Service Dienstleiter im Internet, die Speicherplatz für die persönliche Datensammlung zur Verfügung stellen. Viele Cloud-Services bieten kostenlose Einsteiger-Pakete an.

CMOS — Bezeichnet eine Technologie für die Bildsensoren in Digitalkameras. Heutzutage Standard.

Computervirus — Digitales Schadprogramm, dass viel Ärger bereiten kann. Schützen Sie sich durch ein entsprechendes → Virenschutzprogramm.

Cookie — Kleine Dateien, die persönliche Daten wie Zugangsdaten oder den Verlauf der Reise durch das Internet einsammeln. Cookies machen das Leben im Internet komfortabler, sie bergen aber auch große Risiken, wenn persönliche Zugangsdaten von Dritten ausgelesen werden sollten. Wenn Sie sicher gehen wollen, vermeiden Sie Cookies, stellen Sie aber sicher, dass Ihr → Internet-Browser nach jeder Internet-Sitzung die Cookies löscht.

Computer kaufen: Verhalten im Ernstfall

Computer machen das Leben leichter. Ja klar – aber wir haben viel zu oft das Gefühl: Das gilt nur für die anderen. Für die meisten von uns sind Computer aufregend. Anders aufregend. Das beginnt schon beim Computerkauf.

Denken Sie immer daran – es geht um Ihr Geld. Sie sind nicht verpflichtet, einen Computer genau jetzt in diesem Laden zu kaufen, wenn Sie sich unsicher sind oder wenn Sie sich schlecht beraten fühlen. Sie haben hart für das Geld gearbeitet und dürfen bei der Kaufberatung eine entsprechende Wertschätzung erwarten.

Allerdings sollten Sie sich auch vorbereiten. Dazu sind die folgenden Kontrollfragen hilfreich:

Wozu brauche ich den neuen Computer, was will ich erledigen – und viel wichtiger: Was will ich NICHT damit tun.

Für die allermeisten von uns reicht ein Gerät der unteren Leistungsklasse völlig aus. Dennoch sollte der neue Computer alle aktuellen Anschlussmöglichkeiten mitbringen und seine inneren Werte müssen auf dem aktuellen Stand sein.

Lassen Sie sich also nie einen Ladenhüter aufschwatzen. Was vor ein paar Monaten noch edel und teuer war, bekommen Sie heute für einen Bruchteil des Preises. Oder anders gesagt: Moderne Technik ist besser und billiger als alte Technik. Computer werden dann teuer, wenn Sie extreme Leistung bringen sollen. Diese Leistung wird in den Bereichen der Computerspiele und bei professioneller Video und Grafikbearbeitung abgefragt.

Verkäufer sind psychologisch geschult und sie haben so manchen Trick drauf. Einer davon geht so:

Sie kommen mit einer festen Preisvorgabe ins Geschäft, sagen wir 500 Euro. Der Händler zeigt Ihnen einen zuerst einmal einen Computer für 1200 Euro. Sie erschrecken und freuen sich dann, wenn Ihnen der Verkäufer schließlich ein Gerät für 800 Euro anbietet. Dankbar nehmen Sie das Angebot an.

Denn Sie sind erleichtert, 400 Euro gespart zu haben – übersehen dabei aber, dass sie ja eigentlich nur 500 Euro ausgeben wollten.

Ein weiterer Trick: Die Sache mit dem Tagesrabatt. „Nur heute 20% Rabatt" steht dort auf dem Schild. Also überlegen Sie nicht lange und greifen zu.

Am nächsten Tag gehen Sie wieder in den Laden und zu Ihrem Erstaunen steht dort immer noch das gleiche Schild „Nur heute 20% Rabatt". Das ist leider üblich. Sie bekommen jeden Tag 20% Rabatt. Egal wann Sie kommen – Ihre Sorge, schnell zu kaufen, damit Sie den Rabatt noch mitnehmen, war also gänzlich unbegründet.

Eine weitere Finesse ist die Sache mit der künstlichen Verknappung: Das Modell, das Ihnen der Händler empfiehlt ist angeblich das allerletzte im Lager. Sie sollten also nicht zu lange warten, denn dieses Angebot kommt nie wieder. Jetzt kaufen – oder Angebot verpasst.

Hier greift ein Ur-Instinkt – die sogenannte Verlustaversion. Beobachten Sie sich einmal selbst in so einer Situation. Unweigerlich bekommen Sie Stress. Warum eigentlich?

Schon in Zeiten, als wir noch Sammler und Jäger waren, nahmen wir alles, was wir kriegen konnten, um unserer Familie das Überleben zu sichern. Wurde etwas knapp, besonders die Nahrung, dann ging es darum, mit allen Mitteln ausreichend davon für die eigene Familie heran zu schaffen. Genau dieses psychologische Element wird heute im Elektronikdiscounter noch genutzt.

Aber seien Sie versichert: Es gibt immer ausreichend Computer – es wird auch immer für Sie der passende dabei sein, selbst wenn Ihnen dieses Angebot durch die Lappen geht. Das nächste Angebot wird noch besser sein. Ganz sicher.

In den wenigsten Fällen lohnt es sich also, bei der Rabattschlacht mitzumischen, denn niemand hat etwas zu verschenken. Behalten Sie also immer einen kühlen Kopf und lassen Sie sich nicht beeinflussen. Es soll sogar Fälle geben, in denen die Geräte im Sonderangebot teurer sind, als sie es vor dem Sonderangebot waren. Verkäufer nennt das flapsig „Hochreduzieren".

Genau so wenig, wie von vermeintlichen Sonderangeboten, sollten Sie sich auch von Fachbegriffen blenden oder verwirren lassen. Fakten zählen – nicht schöne Worte. Sie haben einen Anspruch darauf, zu verstehen, was man Ihnen da verkaufen möchte. Wenn Sie einen konkreten Einsatzzweck haben für den neuen Computer und vorhandene Geräte anschließen müssen, dann bekommen Sie vielleicht diesen Satz zu hören: „Eigentlich müsste es so funktionieren!"

Wenn Sie das hören, dann weiß der Fachmann gegenüber eigentlich auch nicht genau, ob es funktioniert oder nicht. Und eigentlich ist er auch ratlos. Er möchte es aber eigentlich nicht so recht zugeben.

„Eigentlich" in Verbindung mit dem Konjunktiv ist bei Computerfragen immer gefährlich. Denn der Konjunktiv beschreibt die sogenannte Möglichkeitsform. Frei übersetzt heißt das also: „Im Grunde genommen besteht die Möglichkeit, dass es so funktioniert!" Eigentlich können wir mit so einer Aussage gar nichts anfangen, wenn der Drucker nicht druckt, der Rechner nicht rechnet und das Navi nicht navigiert. Denn es muss ja funktionieren!

Fragen Sie also Ihr Gegenüber, ob er das Gerät wieder zurücknimmt oder so lange tüftelt, bis es funktioniert, wenn es nicht funktioniert. Ohne eigentlich und ohne Konjunktiv. Sondern garantiert! Denn die Möglichkeit, dass es doch nicht funktionieren könnte, bestünde ja. Eigentlich.

Mit diesen Tipps sind Sie gut gerüstet für den Kauf eines neuen Computers.

Und wenn Sie eigentlich gar nicht gerne in die Kostenfalle tappen möchten und ein modernes Smartphone besitzen, dann besorgen Sie sich doch einfach eine App, die Preise vergleicht. Einfach die Handykamera an den Strichcode der Verpackung halten und die App verrät Ihnen, was das Gerät wirklich kostet und ob das Sonderangebot auch wirklich eins ist.

D

DAB

Das neue digitale Radio, *„Digital Audio Broadcasting"* soll einmal den UKW-Hörfunk ablösen, konnte sich bislang aber noch nicht durchsetzen.

DE-Mail

Die DE-Mail dient dazu, den elektronischen Briefverkehr der guten alten Briefpost juristisch gleichzustellen. Dazu wurde ein Verfahren entwickelt, nach dem DE-Mails nachweisbar und sicher den Weg vom Versender zum Empfänger finden.

Die Bundesregierung hat den gesetzlichen Rahmen für die DE-Mail geschaffen, überlässt die Umsetzung aber privat-wirtschaftlichen Unternehmen. Um am DE-Mail-Verkehr teilzunehmen, müssen Sie sich bei einem dieser Anbieter registrieren.

DENIC

Das *Deutsches Network Information Center* mit Sitz in Frankfurt a. M. Registriert und verwaltet die deutschen Internet-Adressen. Diese nicht kommerzielle Organisation sorgt also dafür, dass jede → Domain im deutschen Internet nur einmal vergeben wird.

Digitaler Zoom

Im Gegensatz zum → optischen Zoom werden die Elemente aus dem Bildausschnitt hochgerechnet, es stehen also nicht mehr Bildinformationen zur Verfügung.
Der hochgerechnete Bildausschnitt hat also eine schlechtere Qualität.

Digitales Wasserzeichen

Unsichtbare Signatur beispielsweise in Bilddateien, um die Urheberschaft nachzuweisen und Raubkopien vorzubeugen. Mit einem digitalen Wasserzeichen kann aber auch die Echtheit eines Dokumentes nachgewiesen werden.

DivX

DivX erlaubt es, Videodateien sehr klein zu schrumpfen. Die Bildqualität bleibt dabei erstaunlich gut. Die meisten tragbaren Videoplayer beherrschen das DivX-Format, aktuelle DVD-Spieler sollten mit dem DivX-Format auch klar kommen, sodass Sie auch Videofilme im DivX-Format auf eine → DVD brennen und im Wohnzimmer abspielen können.

DLNA

Die DLNA-Norm soll dafür sorgen, dass sich die moderne Unterhaltungselektronik im Wohnzimmer mit den Computern im Haushalt besser verstehen. So soll beispielsweise der DLNA-zertifizierte Fernseher Videos auf der Festplatte des Computers im Heimnetzwerk finden und problemlos abspielen können.

Damit das möglich ist, hat die von der Industrie ins Leben gerufene *„Digital Living Network Alliance"* feste Standards festgelegt. Funktioniert leider nicht immer problemlos.

DLP — Steht für *„Digital Light Processing"* und kommt bei Beamern zum Einsatz. DLP-Beamer machen brillantere und farbenfrohere Bilder.
Bei einfachen Einchip-Beamern mit DLP-Technik kommt ein rotiererendes Farbrad mit den drei Grundfarben rot, grün und blau für die Farbdarstellung zum Einsatz. Das führt bei empfindlichen Augen zu einer Irrtitation und kann Kopfschmerzen auslösen. Besser, aber deutlich teurer sind DLP-Prozessoren mit Drei-Chip-Technologie, hier ist kein rotierendes Farbrad nötig.

Docking-Station — Die Park-Garage für das Notebook, die Digital-Kamera oder den -> MP3-Player. Eine Docking-Station bietet neben der Aufladefunktion viele Anschlussmöglichkeiten für Netzwerkverbindungen, den Bildschirm oder die Hifi-Anlage.

Dolby Surround

Dolby Surround ermöglicht es, mit nur zwei analogen Tonkanälen Raumklang – fast wie im Kino - zu erzeugen. Das Verfahren wurde von den Dolby Laboratories Inc. entwickelt.

Domain

Internet-Adresse, diese Domain benötigen Sie, wenn Sie ein eigenes Internet-Angebot aufbauen möchten. Diese Adressen werden in Deutschland vom → DENIC vergeben, Sie können Ihre Internet-Adresse günstiger bei einem → Provider anmelden.

Drag&Drop

„Ziehen und fallen lassen" - markieren Sie mit der Maus einen Textabschnitt und ziehen Sie ihn mit gedrückter Maustaste dorthin, wo Sie ihn haben möchten.

Dann lassen Sie die Maustaste einfach los und lassen den Text auf die neue Stelle fallen.

DRM Das *„Digitale Rechtemanagement"* dient dazu, die Verwendungsmöglichkeiten von Musik- und Videodateien zu beschränken.
So können Sie beispielsweise digital ausgeliehene Videofilme oder Musikstücke nach Ablauf der Leihzeit nicht mehr abspielen, obwohl sich die Datei noch auf Ihrem Rechner befindet.

Dualcore Ein → Prozessor mit zwei Kernen ist besser als ein Prozessor, der nur einen Rechenkern beinhaltet. Inzwischen sind bereits ->Quadcore-Prozessoren mit vier Kernen auf dem Markt.

DVB-T, DVB-S, DVB-C Das digitale Fernsehen *„Digital Video Broadcasting"* hat das alte Flimmer-Fernsehen inzwischen abgelöst. Wenn Sie einen Flachbildfernseher betreiben, dann benötigen Sie DVB, um eine gute Bildqualität zu erreichen. DVB können Sie auf den drei

Empfangswegen „terrestrisch", über „Satellit" oder über das Fernsehkabel „cable" in Ihr Wohnzimmer holen.

DVD Die Abkürzung stand früher für *„Digital Video Disc",* weil die DVD-Technik vornehmlich genutzt wurde, um Videofilme in besserer Qualität als auf der VHS-Kassette abzuspeichern.

Inzwischen wird die DVD auch als ganz normaler Datenspeicher in der Computerwelt genutzt und so hat sich der Name in *„Digital Versatile Disc"* gewandelt.

DVI Über das *„digitale Video ->Interface"* können Sie Ihren Computer mit dem Bildschirm oder dem Fernseher verbinden.

Dynamischer Kontrast Das klingt erst einmal sehr gut, kann beim Fernsehkauf aber leicht zu einer Irritation führen.

Das (native) Kontrastverhältnis eines Bildschirms beschreibt erst einmal die Spanne zwischen dem hellsten und dem dunkelsten Punkt des Fernsehers – je höher dieser Wert, umso besser sind die technischen Eigenschaften.

Beim dynamischen Kontrast setzen die Hersteller auf einen Trick und variieren zusätzlich noch die Hintergrundbeleuchtung des Bildschirms.

So ist es theoretisch möglich, einen unendlich hohen dynamischen Kontrastwert zu erreichen – indem man bei dunklen Szenen die Hintergrundbeleuchtung einfach abschaltet. Daran kann man sehen, dass Angaben zum dynamischen Kontrast wenig aussagekräftig sind.

Also: Vorsicht – und lassen Sie sich nicht beeindrucken!

Druckerkauf mit Spätfolgen: Die Sache mit den Betriebskosten

Zuerst einmal gibt es ja die Grundsatzfrage:

Sollte es ein schicker Laserdrucker sein oder ein vernünftiger Tintenstrahldrucker?

Und wie so oft, gibt es auf Grundsatzfragen keine eindeutige Antwort, sondern: Das hängt davon ab, was Sie mit dem Drucker vorhaben.

Der normale Anwender wie Du und ich wird mit einem guten Tintenstrahldrucker besser bedient sein. Diese Farbdrucker zaubern gestochen scharfe Schriften aufs Papier, sie sind Allroundkünstler, bedrucken Fotopapier, Transferfolien für T-Shirts und sogar DVD-Rohlinge. Laserdrucker sind eher für Büroanwendungen geeignet und wenn es um den Massenbetrieb geht.

Wenn wir nun also vernünftig sind und uns für die Tintenvariante entscheiden, warum gibt es auf dem Markt Farbtintendrucker für 39 Euro und andere für 139 Euro? Warum sollten wir an dieser Stelle nicht einfach die 100 Euro sparen, zumal der billige Drucker zwar etwas langsamer, aber auf den ersten Blick nicht schlechter druckt?

Ganz einfach: Der billige Drucker ist teurer. Aber das spüren wir erst später. Es geht um die Verbrauchskosten. Die Hersteller verdienen das Geld nicht mit dem Verkauf des Druckers, die Tinte bringt den Gewinn. Bis zu 4000 Euro kostet ein Liter dieses kostenbaren Gutes. Und wenn man die teuren Tropfen dann noch schlau verpackt und nur im Set verkauft, dann klingelt die Kasse.

Trick Nr. 1:

Beim Billigdrucker liegen die benötigten Patronen zwar im Verkaufskarton – aber sie sind nur zu einem Drittel gefüllt. Auch wenn Sie sagen: Ich drucke nur ganz selten und ganz wenig, sind die Patronen schnell leer gepumpt. Denn die Farbdrucker müssen regelmäßig ihre Düsen spülen. Und das tun sie mit dem vermutlich teuersten Spülmittel der Welt, mit Druckertinte.

Wenn Sie also den Drucker für eine längere Zeit außer Betrieb hatten, dann zieht sich das Gerät beim Einschalten zuerst einmal eine herzhafte Brise Tinte aus dem Tank. So werden schnell Ersatzpatronen fällig. Die sind dann unter Umständen aber teurer, als der gesamte Drucker in der Anschaffung gekostet hat. Damit ist der relativ neue Drucker eigentlich ein wirtschaftlicher Totalschaden – nur weil die Tinte leer ist. Denn beim Neukauf der Tinte droht gleich der nächste Ärger...

Trick Nr. 2:

Die Kombipatrone. Der Drucker mischt alle Farben aus den drei Grundfarben Magenta, Cyan und Gelb. Die Kombipatrone enthält nun drei Tanks – einen für jede Farbe.

Das Dumme aber ist: Ist nur ein Tank leer und die beiden anderen sind noch prall gefüllt, dann muss die komplette Patrone getauscht werden.

Kein Problem, denken Sie, ich fülle den leeren Tank einfach nach? Dann kennen Sie nicht…

Trick Nr. 3:

Nachfüllen geht nicht. Dafür sorgt ein Chip an der Patrone. Der meldet dem Drucker den Tintenfüllstand. Nun können Sie zwar Tinte nachfüllen – aber die Anzeige bleibt auf „leer". Nur wenn Sie eine neue Originalpatrone einsetzen, dann druckt der Drucker wieder. Einige Geräte kann man überlisten, und den Chip zurücksetzen. Die Tintenstandanzeige wird abgeschaltet, damit auch die Sperre übergangen.

Aber nun droht eine neue Gefahr, denn die Tinte dient auch als Kühlmittel für den Druckkopf. Drucken sie den Drucker leer, dann wird der Druckkopf nicht mehr gekühlt und geht kaputt. Dann ist das ganze Gerät endgültig ein Fall für die Müllhalde.

Trick Nr. 4

Die Sache mit dem Zähler. Einige ganz findige Druckerhersteller haben einen Zähler im Drucker verbaut. Bei jedem Ausdruck zählt dieser Zähler eine Zahl zurück. Bis er auf „Null" steht. Dann ist Schluss.

Auch wenn noch Tinte vorhanden ist, der Druckkopf in bester Qualität gestochen scharfe Bilder aufs Papier zaubert: Der Drucker bleibt stumm.

Natürlich gibt es dafür einen Grund: Bei jedem Druckvorgang gelangt etwas Tinte in einen Schwamm im Bauch des Druckers. Wenn dieser Schwamm vollgesaugt ist, dann droht eine fiese Überschwemmung mit Druckertinte. Daher, so wollen uns die Hersteller weis machen, wird der Drucker abgeschaltet, um Überschwemmungsschäden auf unseren Schreibtischen zu verhindern.

Gut wäre der ergänzende Hinweis, dass wir diese Schwämme äußerst günstig als Ersatzteile im Internet finden und dass wir den Zähler zurücksetzen und so dem Drucker neues Leben einhauchen können.

Kann so etwas auch beim Laserdrucker passieren? Die Tricks sind fast die gleichen – allerdings sollten Sie tunlichst vermeiden, eine leere Tonerkassette selbst nachzufüllen.

Gibt es beim Nachfüllen des Tintendruckers schlimmstenfalls eine riesige Sauerei, dann droht durch den Tonerstaub eine ernsthafte Gesundheitsgefahr. Denn eingeatmeter Tonerstaub ist krebserregend. Nun müssen Sie sich im laufenden Betrieb keine ernsthaften Sorgen machen, denn Toner dringt üblicherweise beim Druckvorgang nicht nach außen. Aber ein Laserdrucker gehört grundsätzlich in einen gut durchlüfteten Raum und nicht direkt auf den Schreibtisch.

Darf's ein bisschen mehr sein? Dann bieten sich Kombigeräte an. Die können alles, was das Büro begehrt: Drucken, Faxen, Scannen und Kopieren. Wenn Sie so ein Gerät interessiert, dann sollten Sie aber wirklich sehr genau und kritisch prüfen.

Denn diese Vielfachkünstler vereinen viele Funktionen und müssten demnach auch ein Vielfaches des einfachen Druckers kosten. Das wäre dem Kunden aber nicht vermittelbar. Deshalb bauen die Hersteller in diese Kombigeräte meist einfachere Druckwerke und billigere Technik ein.

Nehmen sie hier keinen Kompromiss in Kauf – auch wenn es schön ist, alles in einem Gerät zu haben. Wenn der Drucker zu teuer im Verbrauch ist, viel zu langsam und unscharf druckt, dann nutzt alles nichts und Sie ärgern sich bei jedem Ausdruck.

Was tun?

Überlegen sie sich genau, welche Aufgaben Sie mit dem Drucker erledigen möchten. Braucht der Drucker einen Netzwerkanschluss, damit Sie im Hausnetz von mehreren Computer zugreifen können, oder reicht ein einfacher USB-Anschluss? Ein W-LAN-Zugang ist dann besonders nützlich, wenn Sie es scheuen, Netzwerkkabel zu verlegen und den Drucker an einer abgelegenen Stelle im Haus platzieren möchten.

Achten Sie beim Kauf Ihres Druckers auf die Folgekosten. Das gilt für alle Geräteklassen. Selbst wenn Sie wenig drucken – kaufen Sie den Drucker erst, wenn Sie den Preis der Ersatzpatrone bzw. der Tonerkassette kennen. Zögern Sie nicht, nach Alternativtinten Ausschau zu halten. Diese Tinten sind oftmals deutlich billiger zu haben und die Qualität der Ausdrucke ist unter Umständen sogar besser als bei den Ausdrucken mit Herstellertinte. Uns sind keine Schäden an Druckwerken durch die Verwendung alternativer Tinten bekannt. Das gilt übrigens auch für alternativen Toner.

E

E-Book

Bücher können wir nicht nur im Buchhandel aus dem Regal, sondern auch als *„elektronisches Buch"* in digitaler Form im Internet kaufen. Die E-Books können wir dann auf spezielle → E-Book-Reader herunterladen und lesen.

Besonders für Reisen können E-Books sehr praktisch sein, weil die dicken Wälzer in digitaler Form keinen Platz im Koffer einnehmen.

Kritiker bemängeln, dass mit den E-Books das klassische Buch-Erlebnis verlorengeht.

Längst nicht die gesamte Literatur ist als E-Book verfügbar und unterschiedliche Anbieter haben unterschiedliche Autoren exklusiv im Angebot.

Obwohl die Verlage Druck und Logisitik-Kosten sparen, kosten E-Books häufig fast genauso viel oder nur ein kleines bisschen weniger als die gedruckten Bücher.

E-Book-Reader Kleine - meist schicke – tragbare Geräte, die speziell darauf ausgelegt sind, elektronische Bücher, die → E-Books anzuzeigen. Ein E-Book-Reader kann tausende Bücher abspeichern.
Probieren Sie es mal aus!

E-Ink Elektronische Tinte, kommt bei ->E-Book-Readern zum Einsatz. Elektronische Tinte kann Schrift in Grautönen und sogar farbig darstellen. Die Elektronische Tinte verbraucht nur dann Energie, wenn das Bild neu aufgebaut wird, also beim Umblättern.

EPG *„Electronic Program Guide"* - der elektronische Programmführer im digitalen Fernsehen. So können Sie sich per Fernbedienung anzeigen lassen, was gerade läuft.

eSATA	Aktuelle Norm zum Anschluss von externen Festplatten
eTAN	Eine aktuell erzeugte Transaktionsnummer für Online-Überweisungen. Eine eTAN wird von einem speziellen eTAN Generator erzeugt, den Sie von Ihrer Bank erhalten. Eine eTAN ist mit einem Zeitstempel versehen und nur wenige Minuten gültig. Damit soll die eTAN besonders sicher gegen Missbrauch sein.
Ethernet	Gebräuchlicher, internationaler Standard für unsere Datennetze
Externe Festplatte	Die Verwendung einer externen Festplatte ist sehr nützlich, wenn Sie den Speicherplatz Ihres Computers erweitern oder zu Sicherheitszwecken Daten sichern möchten. Eine schnelle Datenübertragung erreichen Sie durch den Einsatz einer Festplatte mit → eSATA-Anschluß. Der Anschluss

einer externen Festplatte kann Sie auch von dem Problem erlösen, den Rechner aufzuschreiben und nachrüsten zu müssen. Externe Festplatten sind nicht mehr teuer. Oft ist eine aktuelle, nachgekaufte externe Festplatte sogar schneller als die Festplatte, die ab Werk im Computer eingebaut wurde.

Einkaufen per Mausklick: Im Internet gibt es alles!

Einkaufen im Internet ist praktisch. Aber worauf sollten Sie achten? Zuerst einmal gilt auch hier: Augen auf und genau so kritisch hinschauen wie im „richtigen Leben". Niemand hat etwas zu verschenken – auch im Internet nicht. Bei Rabatten von 96% darf man schon mal kritisch hinschauen. Häufig versucht man da gerade, Ihnen ein gefälschtes Produkt anzubieten oder einfach nur an Ihr Geld zu kommen, ohne die Ware wirklich liefern zu wollen.

Mit ein paar Vorsichtsmaßnahmen ist das Einkaufen im Internet ganz einfach und sehr sicher.

Ihren Online-Shop sollten Sie sorgfältig aussuchen. Probleme ausschließen können Sie, wenn sie bei den „Großen" einkaufen, also bei den bekannten Versandhäusern, deren Namen seit Jahren eingeführt sind. Aber auch kleinere Händler haben das Internet inzwischen als zweites Standbein neben dem klassischen Ladengeschäft für sich entdeckt.
Wenn Sie sich nicht sicher sind, ob Sie einem Online-Shop vertrauen können, machen Sie den Fünf-Punkte-Check:

- Suchen Sie in einer Internet-Suchmaschine nach der Begriffs-Kombination „Name des Online-Shops + Ärger". Wenn Sie viele Treffer finden, dann stimmt hier offensichtlich etwas nicht.

- Schauen Sie sich das Impressum an: Hat der Händler seinen Sitz wirklich in Deutschland? Gibt es eine Telefonnummer, die man auch wirklich für Rückfragen erreichen kann? Wie ist der Gesamteindruck? Sieht das alles vernünftig aus, finden Sie hilfreiche Tipps und verständliche Allgemeine Geschäftsbedingungen?

- Bietet der Online-Shop gängige Bezahlmethoden an, oder beschränkt man sich auf die Bezahlung per Vorkasse? Von dieser Bezahlmethode rate ich grundsätzlich ab.

- Kann der Händler eines der gängigen Zertifikate nachweisen? Ist das Zertifikat echt? Das können Sie überprüfen, indem Sie auf der Seite der jeweiligen Zertifizierungsstelle nach dem jeweiligen Shop suchen.
  Zur Zeit gibt es vier dieser Zertifikate: „Trusted Shops Guarantee", „S@fer

Shopping des TÜV-Süd", „ EHI geprüfter Online-Shop" und „Internet Privacy Standards der Datenschutz Cert GmbH". Scheuen Sie sich nicht, die missbräuchliche Verwendung der Gütesiegel zu melden. So helfen Sie der gesamten Internetgemeinde.

- Überprüfen Sie die Service-Leistungen. Gibt es versteckte Kosten? Welche Versandkosten fallen an? Wie sind die Modalitäten bei Nichtgefallen? Kann ich die Ware einfach und kostenfrei zurückschicken? Kann der Händler mein Wunschmodell schnell liefern oder gibt es bei allen Waren lange Lieferzeiten? Das könnte unter Umständen darauf hindeuten, dass der Online-Shop „von der Hand in den Mund" lebt – sich eine Lagerhaltung also nicht leisten kann oder es sich auf Ihre Kosten einfach nicht leisten möchte.

Alle Punkte sind zu Ihrer Zufriedenheit? Dann steht einer Bestellung nichts mehr im Wege.

Für die Eingabe Ihrer persönlichen Daten sollte der Anbieter unbedingt auf eine gesicherte Verbindung wechseln. Damit ist gewährleistet, dass kein Dritter Ihre Eingaben „belauschen" kann. Sie erkennen eine gesicherte Verbindung an dem Symbolbild eines eingerasteten Vorhängeschlosses in der Adresszeile

Ihres Internetprogrammes. Viele Händler blenden auch ein Fenster mit einem entsprechenden Verbindungshinweis ein (SSL-Verbindung oder HTTPS-Verbindung).

Geben Sie nur die Daten an, die der Händler auch wirklich für den Bestellvorgang benötigt. Die Datensammelwut einiger Anbieter sollten Sie schlicht ignorieren. Angaben zu Haushaltseinkommen und persönlicher Hobbies haben bei der Bestellung eines neuen Rasenmähers nichts zu suchen. Besteht der Händler auf der Bestückung dieser Fragefelder, dann brechen Sie die Bestellung ab und suchen Sie einen anderen Händler auf.

Vermeiden Sie es, versehentlich Newsletter zu bestellen oder Ihre persönlichen Daten zu Werbezwecken weiter zu geben.

Beim Bezahlvorgang sollten Sie möglichst eine Bezahlung per Rechnung bevorzugen. Diese Methode bieten aber nicht alle Händler an, bei Erstbestellungen dürfen Sie in den seltensten Fällen auf Rechnung einkaufen.

Relativ problemlos ist die Bezahlung per Kreditkarte oder auch per Bankeinzug. Bei beiden Methoden können Sie im Fall von Unstimmigkeiten Ihr Geld einfach zurück buchen lassen.

Im Internet haben sich auch eigene Bezahlsysteme etabliert. Das System PayPal von ebay hat sich weitgehend bewährt. Daneben bieten einige

Bankenverbände ebenfalls Bezahlmöglichkeiten wie GiroPay oder Click& Buy an.

Grundsätzlich abzuraten ist von der Bezahlung per Vorauskasse oder per Nachnahme. Eine genauere Beschreibung der Zahlungsoptionen, sowie mögliche Fallen bei der Bezahlung im Internet, finden Sie im Kapitel „Bezahlsysteme".

Ein guter Händler zeigt Ihnen zum Abschluss der Bestellung eine gut strukturierte Übersicht des Bestellvorgangs.

Die Bestellung ist raus – aber Sie haben es sich doch anders überlegt?

Kein Problem. Bei Bestellungen im Internet können Sie den Kaufvertrag innerhalb von zwei Wochen nach Eingang der Bestellbestätigung (inklusive der entsprechenden juristischen Hinweise) widerrufen. Dazu müssen Sie den Händler schriftlich (am besten per Einschreiben mit Rückschein) vom Widerruf des Kaufvertrages in Kenntnis setzen. Es dürfen Ihnen dabei – auch für die mögliche Rücksendung bereits gelieferter Ware - keine Kosten entstehen.

Der Internethandel lebt von der Kulanz und dem Service. Die meisten Händler bieten daher großzügige Rücksendungsmöglichkeiten an. Das gilt aber nur für unbenutzte Ware. Verhalten Sie sich hier genauso fair, wie Sie es vom Händler erwarten.

Verschmutzte Kleidung oder benutzte Geräte mit fehlender Verpackung kann der Händler nicht mehr verkaufen. Rein rechtlich gesehen müssten Sie bei einem Warenwert unter 40 Euro die Versandkosten tragen. Aber darauf bestehen die allerwenigsten Händler. Bei einem Warenwert über 40 Euro muss der Händler die Kosten komplett übernehmen. Mit diesen Tipps sind Sie gut gewappnet und können den Einkaufsbummel im Internet so richtig genießen.

F

Facebook

Das wohl bekannteste -> soziale Netzwerk im Internet. Das System wurde im Jahr 2004 vom damaligen Studenten Mark Zuckerberg gegründet. In Deutschland soll es über 20 Mio aktive Nutzer geben.

Wenn Sie bei Facebook mitmachen möchten, können Sie kostenlos einen -> Account anlegen.

FAQ

„Frequently Asked Questions", die häufig gestellten Fragen sind immer sehr hilfreich, wenn Sie nicht weiterkommen. Hier finden Sie die – wenn das FAQ-Verzeichnis gut gemacht ist - Fragen, die sich andere Kunden vielleicht auch schon gestellt haben.

Firefox

Kostenloses Programm, das Sie benötigen, um im Internet zu surfen. Firefox ist relativ sicher und stammt aus der -> Open Source Bewegung.

Firewire Anschlussmöglichkeit für externe Geräte wie Videokamera, Digitalfoto oder Festplatte. Der Firewire-Anschluss ist schnell und überträgt auch Steuersignale.

Firmware Das interne Steuerprogramm oder -> Betriebssystem technischer Geräte. Die Firmware ist fest (engl. „firm") in einem Speicherbaustein verbaut. Bei komplexen Geräten wie Digitalkameras oder Festplattenrekordern kann die Firmware aktualisiert werden.

Flash Player Ein Zusatzprogramm für die -> Internetbrowser, um Filme und animierte Sequenzen anschauen zu können

Flatrate Pauschaltarif, beispielsweise für den Internetzugang oder das Telefon. Flatrates haben den Vorteil, dass die Kosten gedeckelt sind. Sie können also genau abschätzen, wie hoch die Rechnung sein wird. Achten Sie aber darauf, dass Sie eine echte Flatrate ohne Einschränkungen bei Volumen oder Zeit erwischt haben.

Freeware Kostenlose Programme für Ihren Computer. Die Auswahl reicht vom -> Betriebssystem bis zum -> Office-Paket. Mit Freeware können Sie sich Ihren Rechner komplett ausstatten.

FTP *„File Transfer Protocol"* eine technische Vereinbarung zum Transport größerer Datenmengen von einem anderen Computer im Internet auf den anderen.

Full HD Beschreibt beim Fernseher die Eigenschaft, -> HDTV in voller Auflösung darstellen zu können. Full HD beschreibt nur die technischen Eigenschaften, damit ist keine Aussage getätgit, ob das dargestellte Bild auch wirklich schön aussieht. Vertrauen Sie also nur Ihren eigenen Augen!

G

Giropay — Bezahlverfahren im Internet, Sie benötigen ein online-fähiges Bankkonto ohne Kreditkarte oder Drittanbieter.

Google — Amerikanischer Internet-Konzern, der verschiedene Dienste im Internet anbietet, darunter eine Internet-Suchmaschine

GPS — Das *„Global Positioning System"* wurde ursprünglich vom amerikanischen Militär zur Standortbestimmung aufgebaut. Dazu schossen die Amerikaner ein ganzes Netz von Satelliten ins All, die ständig entsprechende Daten zur Erde funken. Heute empfangen Navigationssysteme diese Signale und nutzen sie zur Routenführung.

Grafik-Karte   Die Grafikkarte ist dafür zuständig, die Daten aus dem Computer auf dem Bildschirm sichtbar zu machen. Die Grafikkarte ist neben dem -> Prozessor entscheidend für die Leistungsfähigkeit des Computers.

Garantie oder Gewährleistung: Was ist besser?

Es ist schon ärgerlich, wenn das gerade gekaufte Gerät den Geist aufgibt: Es muss zur Reparatur. „Kein Problem", denkt sich der Kunde: „Ich habe ja noch Garantie!".

Ja stimmt – aber er hat noch viel mehr: Die gesetzliche Gewährleistung.

Wo ist jetzt der Unterschied? Die gesetzliche Gewährleistung ist – wie der Name sagt, vom Gesetzgeber geregelt. Die gesetzliche Gewährleistung läuft in der EU über 24 Monate nach dem Kauf des Gerätes. Allerdings gibt es hier eine Einschränkung: Tritt der Fehler in den ersten sechs Monaten nach dem Kauf ein, geht der Gesetzgeber davon aus, dass der Fehler bereits ab Werk eingebaut ist und ist im Zweifel ersatzpflichtig. Der Händler müsste dem Kunden in diesem Fall beweisen, dass er das Gerät durch Fehlbedienung kaputt gemacht hat.

Nach diesen sechs Monaten dreht sich aber die Beweislast um. Dann muss der Kunde dem Händler nachweisen, dass der Fehler nicht etwa durch falsche Bedienung aufkam, sondern bereits ab Werk bestand.

Ansprechpartner bei der gesetzlichen Gewährleistung ist übrigens immer der Händler. Er muss die Reparatur für den Kunden kostenfrei abwickeln.

Die freiwillige Garantie dagegen gibt der Hersteller.

Und er kann in die Garantiebedingungen ziemlich alles hineinschreiben, was er möchte. Aus diesem Grund ist der Ansprechpartner bei der Inanspruchnahme der Garantie auch der Hersteller – und nicht der Händler. Es sei denn, in den Garantiebedingungen ist etwas anderes vereinbart.

Daher empfehle ich, in den ersten sechs Monaten nach dem Kauf immer die gesetzliche Gewährleistung in Anspruch zu nehmen. Erst danach sollte man sich im Reparaturfall die Garantiebedingungen vornehmen und eine Garantie-Reklamation in Erwägung ziehen.

Lassen Sie sich also nicht vom Händler abwimmeln, wenn Ihr kaputtes Gerät noch nicht ein halbes Jahr auf dem Buckel hat und schon kaputt ist. Die Händler haben natürlich immer das Interesse, die Arbeit zu Lasten des Herstellers und damit unter Umständen auch zu Ihren Ungunsten abzuwälzen. Dann müssen Sie sich mit einem großen Konzern auseinander setzen, um die Herstellergarantie in Anspruch zu nehmen.

Und wenn es mal nicht klappt mit der Reparatur?

Dann darf der Händler oder der Hersteller zweimal reparieren. Tritt dann genau der gleiche Fehler ein drittes Mal auf, dann können Sie den Kaufvertrag wandeln.

Das bedeutet, der Vertrag wird storniert, Sie erhalten Ihr Geld zurück, das Gerät geht zurück. Allerdings können Händler oder Hersteller eine Nutzungsgebühr erheben, wenn Sie den Laptop oder den Drucker eine Zeit lang bereits intensiv genutzt haben. Wie hoch die Gebühr sein darf, ist ebenfalls geregelt. Im Schnitt müssen Sie je nach Wertverlust mit bis zu 25% des Neupreises rechnen.

H

H.264

Ein sehr effektives Verfahren, um Videodateien klein zu schrumpfen.

Das ist besonders bei den hoch aufgelösten Videofilmen nötig, denn die Datenmengen bei einem abendfüllenden Spielfilm sind anders kaum noch zu bewältigen.

H.264 wird unter anderem im -> Blu Ray Standard eingesetzt.

HBBTV

Das *„Hybrid broadcast broadband Television"* (etwa: gemischtes breitbandiges Fernsehen) könnte man im weitesten Sinne als den Nachfolger des Videotextes beschreiben. Aber HBBTV kann viel mehr.

Neben reinen Textinformationen gibt es bei HBBTV-Fernsehern auch die von den -> Smartphones bekannten -> Apps, die Sie auf dem Fernseher installieren können. Die Auswahl der HBBTV-Apps ist aber deutlich kleiner. Typische Anwendungen sind Nachrichtenticker, die interaktive Wetterkarte oder ein Programm, um Videofilme aus dem Internet abzuspielen.

HD Audio Chiphersteller Intel hat diesen Standard erfunden. → Soundkarten, die alle Voraussetzungen für HD-ready erfüllen, müssen 8-Kanal-Raumklang in hoher Qualität ausgeben können. Aber auch hier steckt der Teufel im Detail: Der Computer selbst muss auch in der Lage sein, den 8-Kanal-Raumklang verarbeiten zu können. Nur die Soundkarte allein kann diesen Effekt nicht liefern.

HD-Ready Veraltetes Qualitätsmerkmal, HD-Ready-Logo besagt nur, dass der Fernseher hochauflösendes Fernsehen → HDTV wiedergeben kann, also die technischen Voraussetzungen mitbringt.

Über die Bildqualität selbst sagt dieses Logo nichts aus.

Schauen Sie heutzutage also genau hin, wenn ein Verkäufer Sie mit dem HD-Ready-Logo zum Kauf animieren möchte.

HD+ Das Plus ist hier eher ein Minus. Die privaten Fernsehsender strahlen ihre HD-Programme verschlüsselt in HD+ aus.
Damit Sie diese Programme sehen können, benötigen Sie die dazugehörige kostenpflichtige HD+-Karte.

HDCP Die *„Highbandwidth Digital Content Protection"* ist ein Kopierschutz, der verhindern soll, hoch aufgelöste Videos oder -> HDTV zu speichern oder zu kopieren.

HDMI Mit dem passenden Kabel verbinden wir über das *„High Definition Multimedia Interface"* Fernseher, Settop-Box und HiFi-Anlage miteinander. Eine HDMI-Verbindung ist immer die beste Variante, weil Video- und Audio-Signale digital und damit ohne Qualitätseinbußen übertragen werden.

HDR-Fotografie Bei der *„High Dynamic Range – Fotografie"* wird der Kontrast im Bild durch Mehrfachbelichtung künstlich erhöht.

Damit lassen sich interessante Effekte erzielen. Profis setzen für die Fotografie mit besonders hohem Kontrast Spezialkameras ein.

Für den Amateur bieten viele Digitalkameras bereits ein HDR-Programm an.

Probieren Sie es aus – Sie werden verblüfft sein, wie die HDR-Fotografie Ihre Motive völlig anders aussehen lässt.

HSDPA "High Speed Downlink Packet Access" – macht das mobile Surfen im Internet über den Standard -> "UMTS" noch deutlich schneller.

HTML Wenn wir so nach Herzenslust im Internet stöbern, zum Beispiel Informationen zum Reiseziel lesen und einfach per Mausklick zu einer anderen Seite im Internet springen, das passende Bild oder die örtliche Wetterkarte aufrufen, dann macht das die *„Hypertext mark up language"* möglich.

Damit wir erkennen können, an welchen Stellen im Text sich diese zusätzlichen Informationen verbergen, sind diese Textstellen „markiert".

http / https

Das „*Hyper Text Transfer Protocol*" beschreibt die technische „Sprache" die im Internet gesprochen wird.

So wissen alle beteiligten Computer, wie die aus dem Internet angelieferten Daten darzustellen sind. Würde diese Festlegung fehlen, so würden die Nullen und Einsen als wirres Chaos über den Bildschirm huschen.

Wenn wir vertrauliche Daten übermitteln, dann wird aus dem http-Protokoll das https-Protokoll, die verschlüsselte Variante der Datenübertragung. Das „s" steht für „secure", also sicher.

Persönliche Daten im Internet sollten Sie ausschließlich über eine HTTPS-Verbindung übertragen. Seriöse Händler oder Dienstleister fragen Ihre Daten auch nur über eine HTTPS-Verbindung ab.

Hyper Memory

Wenn die -> Grafikkarte zu wenig eigenen Speicher hat, dann kann sie sich über die HyperMemory-Technik woanders im Computer Arbeitsspeicher ausleihen. Hier wird

also gespart und das Wort „hyper"
täuscht ein wenig über das hinweg was
es eigentlich bedeutet: Weniger statt
mehr.

Hyperlink Querverbindung zu weiteren Inhalten
oder Webseiten im –> HTML-
Format. Schauen Sie genau, wohin Sie
der Klick auf den Link führen wird
und ob Sie dort wirklich hin möchten.
Gerade bei aufpoppenden
Werbefensterchen sind Links
eingebaut, die Sie auf infizierte
Webseiten führt, von denen Sie nur
schwer zurückfinden oder die einen
digitalen Schädling auf Ihrem Rechner
installieren.

ID3-Tag

„Identify an MP3", das englische „tag" steht für Etikett. Im ID3-Tag werden den Musikstücken Informationen angeheftet, die wir später an unseren MP3-Abspielern angezeigt bekommen.

Anhand der ID3-Tags lassen sich Musikstücke beispielsweise auch nach Komponist oder Musikrichtung einsortieren.

Internet Radio

Auch → Web-Radio Radiostationen senden ihr Programm nicht nur über Antennenfunk, sondern auch über das Internet.

So ist es möglich, auch außerhalb der Reichweite der Sender das Programm zu empfangen.

Die Radio-Streams werden entweder über den Internet-Browser direkt abgespielt oder über kleine Zusatzprogramme, sogenannte Clients aus dem Internet geholt. Diese Clients sind meistens kostenfrei.

Alternativ kann man Internet-Radio auch auf dem Smartphone über die Radio-Apps anhören. Wichtige Voraussetzung für die Nutzung ist eine Flatrate beim Internetzugang.

IEEE 1394 andere Bezeichnung für den -> Firewire Anschluss

Internet-Explorer Kostenloses Programm von Microsoft, um im Internet zu surfen. Der Internet-Explorer hatte am Anfang Probleme, sich gegen die Konkurrenz von Netscape oder Mozilla Firefox durchzusetzen.

Microsoft hat lange gezögert, sich in diesem Segment zu engagieren und hat daher zu Beginn des Internet-Booms wertvolle Marktanteile verloren.

Heute ist der Internet-Explorer von der Leistungsfähigkeit mit den anderen Browsern vergleichbar.

Immer wieder auftauchende Sicherheitslücken treffen sowohl den Internet-Explorer, aber auch alle anderen bekannten Internet-

Programme.

Daher sollten Sie stets darauf achten, die Programme auf dem aktuellen Stand zu halten. Warum auch nicht – die Updates sind ja kostenlos.

Intranet

Das Firmen-Internet. Ein geschlossenes Angebot, das aussieht wie das Internet, aber von außen nicht erreichbar ist. Hier bieten größere Firmen Ihren Mitarbeitern Informationen über Ihren Arbeitsplatz.

Das Intranet wird auch genutzt, um interaktive Schulungen am Arbeitsplatz möglich zu machen.

iOS

Betriebssystem der Firma Apple für die mobilen Geräte, wie iPhone, iPad oder iPod.

IP Adresse

Die IP-Adresse eines Computers ist wie das Nummernschild unseres Autos. Jeder Computer, mit dem wir im Internet unterwegs sind, erhält zwangsweise so ein Nummernschild.

Damit lässt sich auch jeder Rechner eindeutig identifizieren.

Diese IP-Adresse teilt uns automatisch unser → Internet-Provider zu.

Die IP-Adresse unseres Rechners wechselt, wer mit welcher Adresse wann unterwegs war, darüber führt der Provider genau Buch. Damit kann er im Zweifel nachvollziehen, wer, wann mit welcher IP-Adresse im Internet unterwegs war.

So eine IP-Adresse verrät vieles über den Nutzer, der dahinter steckt. So werden die Adressen zum Beispiel auch Regionen zugeordnet.

Einige Anbieter im Netz werten diese Angaben aus, um zum Beispiel regional bezogene Werbung auf Ihrem Computer anzuzeigen.

IPTV

Fernsehen über das Internet-Protokoll. Der vierte Übertragungsweg für digitales Fernsehen ->DVB neben Satellit, Kabel oder Terrestrischem Empfang über Antenne.

IPTV bietet viele neue Funktionalitäten, wie zum Beispiel einen Rückkanal, über den Sie Videos

anfordern können.
IPTV können Sie über eine → Settop-Box wie ganz normales Fernsehen auch in → HDTV-Qualität empfangen.

ISP

Ein *„Internet Service Provider"* ist ein Dienstleister, der Ihnen die Verbindung ins Internet ermöglicht. Achten Sie immer darauf, eine möglichst schnelle Internetverbindung zu mit einer → Flatrate zu erhalten.

iTAN

Die *„indizierte Transaktionsnummer"* benötigen Sie bei einer Überweisung beim → Online-Banking.
Beim iTAN-Verfahren müssen Sie eine von der Bank vorgegebene, also indizierte Transaktionsnummer aus Ihrer TAN-Liste eingeben.

iTunes

Kostenloses Programm der Firma Apple zur Verwaltung und Wiedergabe Ihrer Musiksammlung. Über iTunes können Sie auch ihre

Apple-Geräte wie iPhone oder iPad verwalten. iTunes verfügt über viele nützliche Funktionen, um die eigene Musik zu organisieren und sogenannte Playlists zu erstellen. Diese Listen sind vergleichbar mit der Musikzusammenstellung auf einer CD. So können Sie sich für jede Stimmung und jeden Geschmack die richtige Musik zusammenstellen. iTunes ist aber auch in der Lage, eigene Vorschläge für Playlists zu erstellen. Diese „Genius" Funktion setzt aber voraus, dass Sie Ihre Musiktitel (nur die Liste der Titel, nicht die Muisk selbst) an Apple schicken, damit daraus die Listen erstellt werden können. Nicht jeder mag das.

Die digitale Identität: Was persönliche Daten wert sind.

Es soll Menschen geben, deren Hobby ist es, an jedem Gewinnspiel teilzunehmen, das ihnen zu nahe kommt. Und so mancher hat dabei auch so manchen lukrativen Gewinn einstreichen können. Aber um welchen Preis?

Beim Lotto ist klar, wie der Hase läuft, wir geben einen Lottoschein ab, bezahlen und der Einsatz aller Mitspieler ergibt den Jackpot. Um den geht es.

Wenn so ein richtig schickes, teures Auto verlost wird und Sie nichts tun müssen, als nur einen kleinen Fragebogen mit ein paar persönlichen Daten im Internet auszufüllen – haben Sie sich dort schon mal gefragt, wie sich der Hauptgewinn finanziert?

Ganz einfach: Durch den Verkauf Ihrer persönlichen Daten, die Sie soeben so freigiebig preisgegeben haben. Ein kompletter Datensatz kann unter Umständen bis zu 350 Euro wert sein, üblicherweise werden unsere Angaben für 5 bis 10 Euro pro Datensatz weiterverkauft. Beim Ankauf größerer Datenmengen gibt's auch mal einen großzügigen Rabatt.

Und was bedeutet das für uns? Wir stimmen zu, dass man unsere Daten weiterverkauft an jeden, der sie haben möchte. Wer das ist, was damit passiert – darüber haben wir keinerlei Kontrolle mehr. Ein unangenehmes Gefühl.

Ich möchte nicht, dass meine persönlichen Daten an ein Callcenter am anderen Ende der Welt verkauft werden und ich nicht weiß, wer mich dann unter welchem Vorwand anruft.

Also mein Tipp:

Achten Sie genau darauf, wem Sie Ihre persönlichen Daten anvertrauen. Prüfen Sie, ob alle geforderten Angaben beispielsweise beim Einkauf im Internet wirklich nötig sind.

Und untersagen Sie auch Ihrem Einwohnermeldeamt den Weiterverkauf Ihrer Daten. Denn auch die öffentliche Verwaltung hat bereits erkannt, dass sich mit dem Adresshandel vortrefflich Geld verdienen lässt.

Bei aller Skepsis sollten Sie aber auch abwägen: Einige Komfortfunktionen im Internet - aber auch auf Reisen - funktionieren einfach nicht, wenn Sie dem Dienstleister nicht die Chance geben, aufgrund Ihrer persönlichen Vorlieben auch den optimalen Service bereit zu stellen. Wenn Sie zu diesen Zwecken entsprechende persönliche Angaben machen, dann achten Sie darauf, dass die Daten nicht an Dritte oder die berühmten „befreundeten" Firmen zu Werbezwecken weiter gegeben werden dürfen.

Dann, so mein Rat, verzichten Sie lieber auf das bisschen Komfort und behalten Sie ihre wertvollen Daten für sich.

J

Java Egal, unter welchem Betriebssystem Ihr Computer läuft, Programme, die mit JAVA entwickelt wurden, laufen Plattform-unabhängig.

JPEG / JPG Von der „Joint Photographic Experts Group" festgelegte Norm zur → Kompression von Fotos. Die entsprechenden Bilddateien tragen die Endung jpg oder jpeg.

K

Keylogger

Schadprogramm, dass Tastatureingaben auf Ihrem Computer mitliest und nach außen weitergibt. So lassen sich Passwörter abhören. Vorsicht!

Kommandozeile

Heute kaum noch gebräuchlich. Wird häufig auch Eingabeaufforderung genannt. Hier können Sie direkte Anweisungen an den Computer geben. Das ist aber eher etwas für Spezialisten. Sie finden Sie Kommandozeile bei Windows bei den Programmen im „Zubehör".

Kompression

Damit können Dateien bis zu 95% kleiner gerechnet werden. Macht sich besonders bei Fotos, Musik und Video-Dateien bezahlt.

L

L3-Cache

Schneller Zwischenspeicher für den Prozessor. Darin legt er sich die Daten zurecht, die er gleich benötigen wird.

Wenn dieser Zwischenspeicher fehlt oder viel zu klein bemessen ist, dann muss der Prozessor die Daten mühsam von der Festplatte heranholen – das würde das gesamte System extrem verlangsamen.

Es ist so ähnlich wie beim Heimwerken: Dort legen Sie sich auch das Werkzeug und die Schrauben in Griffweite parat, damit sie nicht wegen jedem Kleinteil einmal quer durch die Werkstatt laufen müssen. Denn sonst würden Sie ja niemals fertig!

Sehen Sie – genau so geht es dem Computer auch.

LAN

„Local Area Network" - das lokale Hausnetz.

LAN-Party

Klingt nach Feiern – aber auf einer Netzwerkparty wird hart „gearbeitet".

Mehrere Computerfreaks verabreden sich, vernetzen ihre Computer und tragen meist Spiele gegeneinander aus. Über das Netzwerk ist es so möglich, auch Mannschaften zu bilden, die gegeneinander antreten.

Meist kommen die Teilnehmer so einer Netzwerkparty kaum zum Schlafen.

Denn während sie pausieren und nicht präsent sind, könnte der virtuelle Gegner ja diesen Moment nutzen und die eigene Armee angreifen.

Am Ende so einer LAN-Party sind die meisten Besucher meistens leichenblass und völlig übermüdet. Keine Sorge also, wenn Ihr Kind nach einer LAN-Party irgendwie anders aussieht.

Aber es soll großen Spaß machen.

Laptop

Ein Computer, der in die Handfläche passt. Der Laptop ist ursprünglich etwas größer, als ein

Notebook und deutlich größer als ein Netbook. Heute verwischen die Bezeichnungen. Egal ob man es Laptop oder Notebook nennt, man meint immer einen tragbaren Computer.

Laserdrucker

Laserdrucker werden meist in Büros eingesetzt, weil Laserdrucker schnell und billig große Mengen Papier bedrucken können. Ursprünglich konnten Laserdrucker nur schwarz/weiß ausdrucken, inzwischen ist auch eine Vielzahl von Farblaserdrucker auf dem Markt. Der Privatanbieter sollte aber immer auch auf die Kosten achten. Denn billige Laserdrucker verursachen unter Umständen hohe Druckkosten.

Lease

Man kennt das vom Auto-Leasing, das Auto ist dann auf Dauer geliehen.

Jeder Computer, der in einem Netzwerk unterwegs ist, muss sich seine Netzwerkadresse - sozusagen die Autonummer - im Netzwerk ausleihen.

Hat er keine, dann kann er nicht

im Netzwerk unterwegs sein.
Die Vergabe dieser Autonummern
regelt der -> Router.

LED-Backlight

Eine „light emission diode" verbraucht kaum Strom, wird kaum warm, hat eine sehr hohe Lebensdauer und man kann so eine LED in nahezu jeder Bauform herstellen. Die perfekten Voraussetzungen also, um LEDs als Hintergrundbeleuchtung für Flachbildfernseher zu verwenden. Denn so ein Display benötigt diese Beleuchtung, damit wir die Farben überhaupt sehen können.

Fällt die Hintergrundbeleuchtung aus, so erscheint uns das LC-Display als schwarze große Fläche. Je feiner die Struktur der Hintergrundbeleuchtung ist, um so gleichmäßiger sieht das Bild aus.

LED-LCD-Fernseher

Fernseher mit LCD-Anzeige (Liquid Chrystal Display). Die LCD-Technik hat sich inzwischen gegen die Plasma-Technologie durchgesetzt.

Anhand der Abkürzung kann man auch schnell sehen, dass man nicht von einem LCD-Display sprechen sollte, sondern von einem LC-Display.

Line In

Eingang für ein Ton-Signal mit Line-Pegel.

Dabei ist die Signalstärke Hersteller übergreifend genau definiert, damit ein Verstärker der einen Marke auch zum CD-Player der anderen Marke passt.

Der Line-Pegel ist mit ca. 0,3 Volt festgelegt.

Ebenso wie der Pegel ist auch die Steckverbindung genormt. So finden sich heutzutage meist kompakte Cinch-Anschlüsse, aber auch Mini-Klinkenstecker, die besonders im PC-Bereich zur Anwendung kommen.

Die beiden Steckerformen lassen sich problemlos durch Adapter miteinander verbinden.

Line Out

Wo ein Eingang ist, der Line In, muss auf der anderen Seite auch ein Ausgang sein – eben der Line Out.

Linux

Linux ist ein alternatives Betriebssystem und funktioniert so ähnlich wie Microsoft Windows.

Das besondere an Linux ist, dass sich weltweit Programmierer zusammen getan haben und das Betriebssystem kostenfrei ständig verbessern.

Diese sogenannte „OpenSource" Bewegung sorgt auch dafür, dass die benötigten Treiberprogramme für die Installation neuer Drucker und anderer Peripheriegeräte auf dem neuesten Stand gehalten werden.

Heute muss niemand mehr Sorge haben, Linux auf dem eigenen Rechner als Alternative zum teuren Microsoft Windows zu installieren. Allerdings muss man im Fall des Falles darauf achten, dass nicht alle Anwendungsprogramme auch für die Linux-Plattform ausgeliefert werden.

Wenn Sie also spezielle Anwendungen benötigen, dann sollten Sie vor dem Wechsel zu Linux überprüfen, ob es auch die passende Linux-Version überhaupt gibt.

Litium Ionen Akku

Eine sehr leistungsfähige Akku-Sorte, die den sogenannten „Memory-Effekt" nicht mehr kennt. Dabei büßte der Akku bei nicht vollständiger Ladung stark an Kapazität ein.

Litium-Ionen Akkus vertragen aber auch nur eine gewisse Anzahl Ladezyklen – danach geht es auch bei ihnen mit der Leistungsfähigkeit stark bergab. Daher sollten Sie mit den meist sehr teuren Akkus schonend umgehen.

Litium Polymer-Akku

Ebenfalls sehr leistungsfähiger Akku, der sich aufgrund seiner Eigenschaften in allen möglichen Bauformen herstellen lässt. Ebenso wie beim Litium-Ionen-Akku gilt, dass Sie mit dem sehr teuren Akku sehr schonend umgehen sollten.

Vorsicht auch bei kostengünstigen Nachbauten.

Zum einen sind diese Nachbauten nicht immer voll leistungsfähig, zum anderen können billige Nachbauten eine echte Gefahr darstellen, weil es aufgrund der hohen Energiedichte in so einem Akku auch zu

Überhitzungen und daraus folgenden Bränden in den Geräten kommen kann.

Live View

Diese Funktion ermöglicht es, bei der Spiegelreflexkamera das Live-Bild nicht nur durch den Sucher, sondern auch auf dem LC-Display der Kamera anzuschauen.

Dafür muss die Kamera den internen Spiegel hochklappen und das Bild „frei machen".

Eine sehr hilfreiche Funktion, die man bei modernen Spiegelreflexkameras einfach erwartet und auf die Sie nicht verzichten sollten!

LNB

„Low Noise Blockconverter" - ohne dieses kleine Kästchen gibt es beim Satellitenfernsehen keinen Empfang.

Der LNB sitzt direkt an der Satellitenschüssel, empfängt die Signale aus dem All und leitet sie an die Settop-Box im Wohnzimmer weiter.

Auch wenn Sie sparsam sind – greifen Sie bei der Installation nicht auf die billigste Variante zurück. Hier macht sich Qualität wirklich bezahlt.

Ein guter LNB macht ein besseres Bild und zum anderen ist er haltbarer.

So müssen Sie seltener aufs Dach, um den kaputten LNB nach einem Gewitter auszutauschen.

Log in

Anmeldevorgang, beispielsweise beim Email-Zugang oder auch beim Online-Banking.

LTE

„Long Term Evolution" oder auch 4G-Standard folgt dem UMTS oder 3G Standard beim Mobilfunk nach.

LTE erreicht Downloadgeschwindigkeiten von bis zu 300 Mbit/s und ist damit um ein vielfaches schneller, als der alte 3G-Standard.

Die Mobilfunkbetreiber bieten aber meist „nur" Geschwindigkeiten von bis zu 50 oder 100 Mbit/s an.

Diese Verträge sind meist noch sehr teuer und üblicherweise an einen Volumentarif gebunden. Sie können also nicht beliebig große Datenmengen einfach so aus dem Internet herunterladen.

M

MAC-Adresse

Nein – die MAC-Adresse hat nichts mit dem Computerhersteller Apple zu tun. MAC steht hier für „Media Access Control".

Jedes Gerät, das an ein Netzwerk angeschlossen wird, bringt ab Werk seine eigene MAC-Adresse mit.

Megapixel

In der Computerwelt besteht jedes Bild aus einzelnen Bildpunkten, den sogenannten Pixeln. Dabei ist der Begriff Pixel ein Kunstwort und setzt sich zusammen aus den beiden englischen Wörtern Picture (für Bild) und Element. Mega steht für Million - Megapixel sind also 1 Mio Bildpunkte.

Mehrwertdienst

Es gibt so viele schöne Wörter, die kunstvoll umschreiben, worum es eigentlich geht.

Ein Mehrwertdienst ist beispielsweise eine Hotline, die mehr bietet, als nur einen einfachen Telefonanruf. Und weil dieser Dienst mehr bietet, darf er auch mehr kosten. Daher können wir Verbraucher den Begriff „Mehrwertdienst" eigentlich gleichsetzen mit der Beschreibung: „Kostet mehr."

Micro HDMI

HDMI ist der aktuelle Standard, um Bildschirme, BluRay-Player oder Kameras miteinander zu verbinden.

Wenn aber beispielsweise am Laptop oder an der kleinen Kamera kein Platz für einen vollständigen HDMI-Anschluss ist, dann bedient man sich der kleinen Variante, dem Micro-HDMI-Anschluss.

Micro SIM

Das Modul zur Erkennung des Benutzers, zu englisch „Subscriber Identify Module" wird im Handy benötigt, um das Handy einer Telefonnummer und damit einem Benutzer zuzuordnen.

Ohne SIM-Karte ist also kein telefonieren möglich.

Moderne Handys verwenden nun eine deutlich kleinere Version der SIM, die MicroSIM, die aber ein der

Funktion her keinen Unterschied zur ursprünglichen SIM aufweist.

Micro USB

Immer wenn kein Platz für große Stecker ist, dann muss die Verbindung eben geschrumpft werden.

So ist es auch bei der guten alten USB (Universal Serial Bus)-Verbindung.

Der Micro USB-Anschluss funktioniert genau wie der normale USB-Anschluss in der Version 2.0 – nur ist alles ein bisschen kleiner. Moderne Smartphones besitzen so einen Micro USB Anschluss.

Es gibt neben dem Micro auch noch den Mini USB-Anschluss.

Microsoft

Viel muss man zu Microsoft wohl nicht sagen, es ist eine der größten Softwareschmieden der Welt.

Gegründet von Bill Gates anvancierte Microsoft mit seinem Betriebssystemen MS-DOS (Disc Operation System) und MS-Windows zum marktbeherrschenden Monopolisten und wurde dafür oft kritisiert.

Nicht alles, was Microsoft auf den

Markt brachte, war von Beginn an ausgereift. Dennoch ermöglichte Microsoft durch seine beherrschende Stellung auch Standards, die bis heute gelten.

Erstaunlich war, dass Firmenchef Bill Gates sehr lange den Trend zum Internet nicht erkannte und viel zu spät und halbherzig mit einem damals eher bescheidenen Internet-Programm – dem Internet-Explorer auf den Markt kam.

Microsoft Windows Betriebssystem, das zeitweilig in bis zu 90% aller Computer weltweit zu finden war.

Inzwischen gibt es Alternativen, die preisgünstiger und nicht unbedingt schlechter sind, wie beispielsweise das kostenlose Betriebssystem → Linux.

MMS Multimedia Messaging Service – die Erweiterung der → SMS. In einer MMS können Sie Bilder, Audios oder sogar kurze Videosequenzen verschicken. Das allerdings kostet Geld – eine MMS zu versenden ist deutlich teurer, als eine normale SMS auf den Weg zu bringen.

Modem Ein Modem stellt die Verbindung zwischen dem überregionalen Netzwerk Ihres → Providers und Ihrem Hausnetz her. Dabei übersetzt (moduliert) das Modem die Informationen aus dem Hausnetz in eine Frequenz, die dann über das Providernetz übertragen werden kann.
Das funktioniert so ähnlich wie beim UKW-Radio.
Der Radioempfänger moduliert die für uns nicht hörbaren UKW-Strahlen in einen Bereich, in dem wir die Musik aus dem Radio hören können.

MP3 MPEG1, Layer3 – klingt so ähnlich wie ein Befehl aus Raumschiff Enterprise, beschreibt aber ein Verfahren, mit dem Audiodateien auf ca. ein Zehntel ihrer ursprünglichen Größe geschrumpft werden.
Die Erfindung des MP3 Verfahrens, bei dem die Klangqualität etwas leidet, ermöglichte es, Audiodateien über das Internet zu verschicken.
Durch die drastische Reduzierung des Speicherbedarfs war es dann auch

möglich, viele Musikstücke auf kleinen, mobilen Speichern abzulegen. Die MP3 Player waren geboren.

Anfangs gab es noch MP3-Player, in denen echte mechanische Festplatten verbaut wurden. Heute sind die Speicherbausteine aber so billig und kompakt, dass die verbauten Festplatten aus vielen kleinen Speicherkarten bestehen, die mechanisch unempfindlich sind.

MPEG „Moving Pictures Expert Group" - eine Vereinigung von Fachleuten, die Verfahren entwickelt und normt, mit denen Multimediadateien geschrumpft abgespeichert werden können.

Multi Touch Das kennt man von den modernen Smartphones: Der Bildschirm reagiert nicht nur auf die Bewegung eines einzelnen Fingers, sondern auch auf die Aktionen mehrerer Finger.

Ziehen beispielsweise zwei Finger das Bild auseinander, dann weiß das Smartphone: Das angezeigte Foto soll vergrößert werden.

Multi-funktions-gerät

Drucker, Scanner, Fax – alles in einem. Das kann ein Multifunktionsgerät.

Aber Vorsicht: Oft können diese Geräte alles ein bisschen – aber nichts so richtig gut.

Überlegen Sie also genau, ob für Sie so ein Gerät wirklich sinnvoll ist oder ob ein normaler Drucker nicht doch die bessere – weil billigere – Wahl ist.

Überlegen Sie, wie viele Faxe Sie in den letzten Jahren verschickt haben und wie viele Bilder Sie gescannt haben. Es werden vermutlich in den nächsten Jahren nicht mehr werden.

Multisession CD / DVD

Sie wollen die Urlaubsfotos mehrerer Jahre sichern? Und es kommen immer noch mehr hinzu?

Dann können Sie die Bilder einfach auf eine CD oder eine DVD brennen. Und damit Sie nicht immer neue Rohlinge verbrauchen, obwohl dort noch viel Platz ist, verwenden Sie den Multi-Session-Modus.
Damit können Sie in vielen Sitzungen (Sessions) immer neue Daten

hinzufügen.

Bedenken Sie dabei nur, dass ausschließlich Ihr Brenner den Rohling lesen kann, bis das Projekt abgeschlossen ist.

N

NAS

„Network Attached Storage" - ein Speicher, der direkt ans Netzwerk angeschlossen ist. Das kann eine Festplatte sein, die einen Netzwerkadapter eingebaut hat. Wird diese Festplatte ans Hausnetz angeschlossen, dann kann jeder im Netzwerk dort Daten abspeichern und auslesen. Sehr praktisch.

Netlock

Wenn Sie einen Handyvertrag abschließen und dazu ein günstiges Handy dazubekommen, dann baut der Netzbetreiber gerne eine Sperre in das Handy ein.

Diese Sperre verhindert, dass Sie das Handy im Netz der Konkurrenz betreiben.

So ein Netlock können Sie üblicherweise zum Ende der Vertragslaufzeit kostenlos aus dem Handy entfernen lassen.

Netbook

Die kleinen Geschwister von Laptop und Notebook. Netbooks sind sehr preisgünstige und eher leistungsschwache mobile Computer.

Ihre Ausstattungsgrenzen sind genau festgelegt. Darunter zählen Prozessorleistung, Arbeitsspeicher und die Größe der Festplatte.

Netbooks sind dazu gemacht, um im Internet unterwegs zu sein. Sie eigenen sich, um die tägliche Büroarbeit zu erledigen. Allerdings sind die Bildschirme oft sehr klein. Netbooks bekamen in den letzten Jahren harte Konkurrenz der → Tablet-Computer.

Als Zweitcomputer sind Netbooks aber die ideale Ergänzung.

Netzwerkkabel

Wird gelegentlich auch Patch-Kabel genannt.

So ein Kabel mit → RJ45 Anschluss stellt die Verbindung zwischen Netzwerkdose oder Router und Computer her. Achten Sie besonders bei langen Kabelwegen auf hochwertige Kabel. Denn schlechte Kabel besitzen häufig eine hohe

Dämpfung und dann tröpfeln die
Daten nur noch durch Ihr Hausnetz.

Nickname

In sozialen Netzwerken wie
Facebook, Twitter oder Google+
möchte man nicht unbedingt mit
einem echten Namen unterwegs sein.
Man weiß ja nie, wen man da so trifft.
Daher legt man sich ein Pseudonym
zu, mit dem man dort anonym
unterwegs ist, den sogenannten
Nickname.

Aber vertrauen Sie der
Anonymität im Netz nicht zu stark.
Irgendwann findet irgendjemand dann
doch mal Ihren echten Namen heraus.
Und dann kann es sehr schnell
peinlich werden.

Also verhalten Sie sich im
sozialen Netzwerk einfach genau so
zurückhaltend, als würden Sie in der
Einkaufsmeile mitten auf einem
Podest stehen.

NiMH Akku Wieder aufladbare Nickel Metallhydrid Akkus werden oft in der gleichen Bauform wie normale Batterien hergestellt und können diese daher gut ersetzen.

Die NiMH-Akkus haben weitgehend die Nickel-Cadmium-Akkus ersetzt, weil NiMH-Akkus die Energie besser speichern können und dabei auch auf das giftige Cadmium verzichten.

NTFS Farbkodierverfahren für das analoge Fernsehsystem in den USA und vielen anderen Ländern. Das *National Television Systems Committee* der USA legte diese Norm fest, die aber dem deutschen → PAL-System unterlegen war.

Notebook oder Netbook: Wie viel Computer soll's denn sein?

Fangen wir doch beim kleinen, dem Netbook an.

Netbooks sind für unterwegs konzipiert. Sie sind kompakt, sie verzichten auf optische Laufwerke und Ihre Leistung und die Speicherkapazität ist begrenzt. Dafür sind die Netbooks relativ günstig zu haben. Ab 250 Euro bekommt man ein gutes Gerät.

Netbooks wurden erfunden, bevor die Tablet-Computer auf den Markt kamen. Netbooks erfüllen die Anforderungen an den normalen Büroalltag, auch wenn das Display aufgrund der Bauform eher klein ist.

Achten Sie beim Kauf eines Netbooks besonders auf zwei Dinge:

Das Betriebssystem (oft Windows) sollte dabei sein und das Display muss Ihren Anforderungen entsprechen. Beim Betriebssystem werden oft Sparversionen angeboten, für einen sehr geringen Aufpreis bekommen Sie hier viel mehr (Multimedia-) Funktionen, die gerade für die private Nutzung sehr interessant sein können.

Bedenken Sie, dass Netbooks keine DVD-Laufwerke mitbringen – wenn Ihnen das wichtig ist, dann sollten Sie sich für ein Notebook entscheiden.

Denn gute Notebooks sind nicht viel teurer, ab 400 Euro bekommen Sie heutzutage ein Gerät, das kaum Wünsche offen lässt.

Mit so einem Einsteiger-Notebook können Sie sicher arbeiten. Aber auch hier gilt: Wenn Sie nicht das aller billigste kaufen, dann bekommen Sie deutlich mehr Leistung und Ausstattung – und Service.

Auch das ist ein Kaufargument, denn geht so ein Gerät mal kaputt, dann dürfen Sie als Käufer eines Premium-Gerätes mit einem deutlich besseren Service – unter Umständen sogar mit der Stellung eines Ersatzgerätes während der Reparaturdauer – rechnen.

Folgende Punkte sollten Sie beachten:

- Kein alter Prozessor.

Der Prozessor sollte Top aktuell sein. Das macht sich nicht nur an der Rechenleistung, sondern auch im Stromverbrauch bemerkbar. Und je weniger Strom der Prozessor verbraucht, umso länger hält der Akku. Strom wird im Prozessor in Wärme umgesetzt, ein alter Stromschlucker wird also schnell heiß und muss gekühlt werden. Das übernimmt der Lüfter mit deutlich vernehmbarem Geräusch. Und der Lüfter belastet den Akku ja ebenfalls.

- Niemals unter 4.

Der Arbeitsspeicher sollte die 4 Gigabyte Grenze nicht unterschreiten. Genau wie die Rechenleistung bestimmt auch die Größe des Arbeitsspeichers die Rechenleistung. Alles spielt ineinander. Viel mehr macht auch keinen Sinn, denn mit zu viel Speicher kann kaum ein Betriebssystem umgehen.

- Der Spaßfaktor.

Beim Notebook-Kauf zählen besonders ganz persönliche Argumente:

Kommen Sie mit der Tastatur klar?

Gefällt Ihnen das Display?
Hochglänzende Displays sehen schick aus, reflektieren in der Sonne aber wie ein Schminkspiegel.

Passt die Größe?
Wenn Sie kaum unterwegs sind, dann lohnt ein größeres Exemplar mit entsprechend großem Bildschirm, sind Sie viel unterwegs, dann spielen Gewicht und Kosten für einen Zusatzakku sicher eine Rolle.

Hat das Notebook alle Anschlüsse, die Sie benötigen oder wurde hier gespart?

Haben Sie besondere Anforderungen an die Grafik?
Das müssen Sie direkt beim Kauf berücksichtigen, denn Sie werden das Gerät nicht aufrüsten können.

Die Festplatte sollte schnell und groß sein – allerdings haben Sie hier die Möglichkeit, nachzurüsten, was dann aber zusätzliches Geld kostet.

Und trotz allem: Setzen Sie sich beim Kauf ein finanzielles Limit. Die Möglichkeiten beim Kauf sind so verlockend, dass man in diesem Moment gerne etwas mehr ausgibt, als man ursprünglich kalkuliert hatte – und im Alltag niemals braucht.

Kaufen Sie keine Leistung auf Vorrat. Die Technik schreitet rasant voran – das Preis-Leistungsverhältnis verschiebt sich monatlich.

Technik, die heute noch richtig teuer ist, bekommen Sie nach ein paar Monaten für einen Bruchteil des ursprünglichen Preises.

Beziehen Sie bei Ihren Überlegungen auch den Fachhändler um die Ecke mit ein. Diese Händler sind keineswegs teurer, als der Elektronik-Supermarkt oder der Internet-Shop und die Fachhändler bieten häufig einen besseren Service und ein bessere Beratung.

Der Kauf im Internet ist generell nur dann für Sie interessant, wenn Sie genau wissen, was Sie wollen.

Vorsicht bei Preisvergleichen: Hier lauert eine besondere Falle. Die Gerätebezeichnungen sind kryptisch und sehr lang. Unter Umständen steht die Änderung einer einzigen Ziffer in dieser Typbezeichnung für einen eklatanten Unterschied in den Ausstattungsmerkmalen.

O

OEM

Original Equipment Manufacturer, zu Deutsch Erstaustatter. Diese Programmversionen liegen den Computern bei Auslieferung bei.

OEM-Programmversionen sind häufig an den Computer gebunden und können nicht an anderen Rechnern installiert werden.

Es gibt aber auch OEM-Programmversionen, wie Textverarbeitungsprogramme oder Betriebssystem-Versionen, die frei von diesen Reglementierungen sind und bei deren Anschaffung man viel Geld sparen kann.

Manchmal fehlt lediglich die bunte Umverpackung.

Open Office

Kostenlose und sehr leistungsfähige Alternative für Textverarbeitung, Präsentationen und Tabellenkalkulation.

Open Office oder auch Libre Office verarbeiten die meisten gängigen Dokumente anderer, sehr teurer Programme.

Open Office entstammt der → Open Source Bewegung und ist eine sehr gute Möglichkeit, Geld bei der Softwareaustattung des eigenen Rechners zu sparen.

Open Source

Der Code dieser Programme ist für jeden Programmierer frei einsehbar („offene Quelle") und wird von vielen freiwilligen Programmierern weltweit optimiert.

Open Source Software ist für den Privatanwender üblicherweise kostenlos und stellt eine interessante Alternative zu den kommerziellen Programmen großer Konzerne dar.

Bekannte Beispiele sind das kostenlose → Betriebssystem → Linux und das ebenso kostenlose Programm-Paket → Open Office / Libre Office).

Optischer Zoom

Im Gegensatz zum digitalen Zoom ändert der optische Zoom den Bildausschnitt über das Verschieben der Linsen im Objektiv der Kamera. Damit lassen sich die Motive ohne nennenswerten Einfluss auf die Bildqualität näher heranholen – optisch also vergrößern.

Beim digitalen Zoom dagegen rechnet der Grafikchip in der Kamera die Bildsignale und damit die Pixel auf dem Bild groß.

Das hat sichtbaren Einfluss auf die Bildqualität – im Extremfall kann man das durch ein unscharfes Bild und eine leichte Klötzchenbildung erkennen.

Der optische Zoom wird bei der Kamera üblicherweise durch die „Zoomwippe" betätigt, mit der man sich in den Weitwinkel- oder den Telebereich begibt.

Overscan

Der nicht sichtbare Bereich des Bildes. Der Overscan-Bereich spielte früher bei den Röhrenbildschirmen eine Rolle.

An den Bildrändern schrieb der Elektronenstrahl das Bild nicht sauber aus und daher wurde dieser Bereich meist durch das Gehäuse abgedeckt.

Heute spielt der Overscan-Bereich keine Rolle mehr.

Der Onlineverkauf: Versilbern Sie Ihre gebrauchten Geräte!

Gebrauchte Geräte verstopfen Schreibtischschubladen, Bücherregale und Vitrinen. In Deutschland fristen rund 30 Millionen abgelegte Smartphones ein trauriges Dasein. Hinzu kommen Digitalkameras, Laptops und Navigationsgeräte.

Verdienen Sie bares Geld mit diesen Schätzen! Nein – es muss nicht immer die Internetauktion sein! Dort kann man ja nie wissen, wie viel so ein Altdigitaler noch bringt. Viele Händler kaufen Ihre gebrauchten Geräte zu vorher festgelegten Festpreisen an. Dieser Ankauf funktioniert im Prinzip so wie ein Verkauf. Auf diesen Plattformen wählen Sie Ihren Gerätetyp, die Ausstattung und den Zustand (zum Beispiel neuwertig, leichte Gebrauchsspuren, abgenutzt, defekt) aus. Sofort bekommen Sie ein Angebot.

Wenn Sie mit diesem Preisvorschlag einverstanden sind, dann drucken Sie gleich einen Adressaufkleber auf der Internetseite aus und schicken das Gerät kostenlos an den Händler. Der prüft Ihr Gerät und bestätigt den Preis.

Sollte sich bei dieser Prüfung jedoch herausstellen, dass der Händler Ihnen doch nicht den zugesagten Preis bezahlen will, dann können Sie Ihr Gerät einfach zurück fordern. Auch dieser Versand ist für Sie kostenlos. Prüfen Sie aber vor dem Versand die Marktlage, damit Sie selbst eine ungefähre Vorstellung haben, was Ihr Gebrauchter noch wert ist. So können Sie Überraschungen vermeiden. Und glauben Sie mir: Es lohnt sich!

Drei Tipps:

- Verkaufen Sie Ihr gebrauchtes Gerät schnell, je älter das Gerät, um so niedriger der Erlös.

- Heben Sie Originalverpackung und Gebrauchsanleitung auf, das wertet Ihr Gerät auf.

- Verschaffen Sie sich selbst einen Überblick über die Marktlage, damit Sie wissen, welche Summe Sie erwarten dürfen.

P

PAL

Farbkodierverfahren für das analoge Fernsehsystem in Deutschland und vielen anderen europäischen Ländern.

Die Abkürzung für *Phase Alternating Line* stammt aus der Zeit der Röhrenfernseher, als der Elektronenstrahl in der Bildröhre einzelne Linien zeichnete.

PAL nutzt einen physikalischen Trick, um Farbverfälschungen im Übertragungsweg vom Sender zum Fernseher auszugleichen und war damit den anderen Fernsehnormen wie dem amerikanischen → NTSC überlegen. PAL wurde inzwischen von der neuen Standardnorm → HDTV abgelöst.

Patch-Kabel

Verbindungskabel zwischen Internet-Router und dem Computer im Netzwerk

Paypal — Bezahlsystem im Internet der Firma eBay, damit können Sie die Rechnungen Ihrer Einkäufe im Online-Shop begleichen. → Bezahlen im Internet.

PCI — Wenn Sie Ihren Computer mit Zusatzkomponenten wie einer bessern Soundkarte oder einer neuen Netzwerkkarte erweitern möchten, dann benötigen Sie im Computer einen passenden Anschluss dafür, den *Peripheral Component Interconnect*.

PCI Express — Damit die Daten im Rechner noch schneller fließen können, dafür sorgt der *Peripheral Component Interconnect Express*-Anschluss. Er ist die Weiterentwicklung des → PCI-Anschlusses.

PDF — Ein im „Portable Document Format" erstelltes Dokument sieht auf allen Computern immer gleich aus, unabhängig von Betriebssystem oder Textverarbeitungsprogramm.

PDF-Dokumente können Text und Bilder und sogar Hyperlinks enthalten. Viele Bedienungsanleitungen sind im PDF-Format erstellt.

Zum Anzeigen eines PDF-Dokumentes benötigen Sie ein entsprechendes Programm wie den kostenlosen ->Acrobat Reader von Adobe.

Plasma

In der Physik wird Plasma als der „vierte Aggregatzustand" neben gefroren, flüssig und gasförmig beschrieben. Wenn Plasma ionisiert, also elektrisch aufgeladen wird, dann leuchtet es.

In der Fernsehtechnik werden winzige Plasmazellen in den drei Fernsehgrundfarben Rot, Grün und Blau zu einem Pixel zusammengefasst.

Das Bild eines Plasmafernsehers besteht aus Millionen dieser kleinen, dreifarbigen Bildpunkte, die je nach der Bildinformation zum Leuchten gebracht werden können.

Plasmafernseher stellen die Farben etwas leuchtender dar, sind jedoch schwerer und verbrauchen mehr Strom, als → LCD-Fernseher, die inzwischen den Plasma-Fernsehern überlegen sind.

Podcast

Wenn Sie im Radio oder im Fernsehen einen interessanten Beitrag gehört oder gesehen haben, dann bieten Ihnen viele Sender die Möglichkeit, diesen Beitrag als Datei auf den Computer zu laden. Damit können Sie den einzelnen Beitrag oder eine ganze Sendung noch einmal in Ruhe anhören oder anschauen. Das Gute am Podcast ist aber, dass ihn jedermann produzieren und ins Netz stellen kann.

Podcasts werden inzwischen zu fast jedem Thema und längst nicht nur von den Sendern angeboten. Sie können diese Podcasts auch abonnieren, um die neuesten Ausgaben immer automatisch geliefert zu bekommen.

Der Name leitet sich aus den Begriffen iPod, dem legendären MP3 Player von Apple und dem englischen Wort „Broadcast" für Rundfunk ab.

POI — Point of Interest, beim Navigationssystem Orte von besonderer Bedeutung

POP 3 — Post office protocol 3 – dieses Protokoll regelt die Kommunikation beim Email-Programm und sorgt dafür, dass die Emails aus dem Internet auf den Rechner geladen werden.
So fragt POP3 beim Versenden oder beim Herunterladen von Emails die Emailadresse und das persönliche Passwort ab.

PopUp — Meist kleine Kommunikationsfenster, die auf dem Bildschirm erscheinen. Die meisten PopUp-Fenster erfreuen uns mit Werbebotschaften, sie können aber auch Hinweisfenster sein, wenn das aufgerufene Programm auf Benutzereingaben wartet.

Popup-Blocker

Programme, die verhindern, das ungewollte Werbefenster auf dem Bildschirm erscheinen.

Powerline

Eine Technik, die Netzwerkverbindung über die Stromleitung im Haus umzusetzen. Damit ersparen Sie sich das Verlegen neuer Netzwerkkabel.

Powerline funktioniert gut und sicher, allerdings sind die benötigten Adapter teuer.

Progressive Scan

Die alte Fernsehnorm -> PAL zeigte uns auf dem Fernseher 50 Halbbilder pro Sekunde.

Moderne Fernseher präsentieren uns nun 50 Vollbilder pro Sekunde, daher übersetzt man den „Progressive Scan" auch mit „*Vollbilddarstellung*". Fernseher. die Progressive Scan beherrschen, erkennen Sie am Zusatz -> „1080p"

Provider

Ein Provider „versorgt" Sie mit dem Zugang ins Internet , für das Mobilfunknetz, den Telefon-anschluss oder auch das Kabelfernsehen.

Prozessor

Der Motor Ihres Computers, hier sollten Sie nicht sparen. Allerdings macht nicht ein schneller Prozessor allein auch einen schnellen Rechner. Alle Bauteile – Grafikkarte, Arbeitsspeicher und Festplatte haben große Auswirkung auf die Leistungsfähigkeit Ihres Computersystems.

Klingt kompliziert, aber Sie dürfen heutzutage davon ausgehen, dass nahezu jeder aktuelle Rechner den Anforderungen des Alltagsgeschäftes völlig genügt.

PVR

Personal Video Recorder, er kann das Fernsehprogramm aufzeichnen. Moderne PVR besitzen heute eine eingebaute Festplatte.

Q

Quadcore Die Kraft der vier Kerne – ein → Prozessor, in dem vier Prozessoren arbeiten und ihn damit sehr schnell machen.

QERTZ-Tastatur Eine normale Tastatur , auf der die Buchstaben wie bei der Schreibmaschine (Q, W, E, R, T, Z) angeordnet sind. Bei amerikanischen Tastaturen sind die Buchstaben „Z" und „Y" vertauscht. Und es fehlen natürlich die deutschen Umlaute.

RAM

Random Access Memory, der Arbeitsspeicher im Computer.
Je mehr – umso besser.
Mindestens vier -> Gigabyte (GB) sollte Ihr Computer schon haben, mehr als acht GB machen aber nur bei Spezialsystemen Sinn.

Raubkopie

Programmierer müssen ihre Miete bezahlen, genauso wie Musiker, Grafiker und Fotografen.
 Wenn wir also Programme, Musik, Grafiken oder Fotos nutzen, dann ist es ein Gebot der Fairness, dafür zu bezahlen.
Kein Kunde käme auf die Idee, die Brötchen beim Bäcker einfach zu klauen.
Deshalb sollte man das – im übertragenen Sinn – auch nicht im Internet tun.
Außerdem kann man erwischt werden und dann hat der Verstoß gegen das Urheberrecht empfindliche Strafen vorgesehen.

Klauen ist nicht cool – es ist unfair. Allein aus diesem Grund rate ich dringend davon ab, Raubkopien zu verwenden.

RAW-Format

Unverfälschtes Bildformat – so wie es vom Kamerachip kommt. Hier ist nichts → komprimiert oder geschönt. RAW-Format Bilddateien sind sehr groß, bieten dem Fotografen aber noch sämtliche Eingriffsmöglichkeiten, um die Bilder richtig gut bearbeiten zu können. RAW-Format-Dateien können bis zu zehnmal größer sein, als komprimierte Bilddateien.

Amateure kommen sehr gut mit dem komprimierten Bildformat → jpg klar.

Realtime Upscaling

Ein schlechtes Bild kann auch der beste Fernseher nicht besser machen - aber mit ein paar technischen Tricks gelingt es durchaus, ein wenig zu „schummeln".

So rechnen moderne Fernseher das Bild einer DVD in das HDTV-Format hoch und fügen fehlende Pixel einfach hinzu.

Wobei das Wort „einfach" an dieser Stelle eher unpassend ist.

Denn es gehört schon viel Rechenleistung dazu, dieses Hochskalieren in Echtzeit hinzubekommen - also so schnell, dass unser Auge es nicht merkt.

Diese Funktion bringen alle Fernseher mit – sie ist also zuerst einmal kein Kaufargument. Aber es lohnt sich durchaus, auszuprobieren, wie gut der neue Fernseher diese Aufgabe erledigt. Denn da gibt es sichtbare Unterschiede. So gesehen kann Realtime Upscaling dann doch zu einem Kaufargument werden.

Recovery CD

Beim Kauf eines neuen Computersystems ist das → Betriebssystem meist vorinstalliert - alles ist vorberei tet, damit dem sofortigen Start nichts im Wege steht.

Wenn nun aber eine Neuinstallation nötig ist, dann ist die Recovery CD sehr hilfreich.
Diese CD stellt das System wieder her und die Programme auf dieser CD führen automatisch alle nötigen Schritte aus, die notwendig sind, um das Computersystem wieder lauffähig zu machen.

Reload „Nachladen" oder „nochmal probieren". Wenn eine Seite aus dem Internet nicht korrekt dargestellt wurde oder die Inhalte nach einer Eingabe nicht mehr aktuell sind, dann muss neu geladen werden – ein Reload eben.

RGB Rot, grün, blau – aus diesen Farben setzt sich das Fernsehbild zusammen, die sogenannte additive Farbmischung.

Mischt man diese drei Grundfarben zu 100% zusammen, dann ergibt das ein weißes Bild. Ändert man das Verhältnis zueinander, dann kann man jede Farbe darstellen.

Mehr rot macht rot, mehr grün macht grün, naja ist ja nicht so kompliziert.

Aber was passiert, wenn man mehr Blau und mehr rot gleichzeitig beimischt?

RJ45 Normung der Steckverbindung bei Ethernet-Kabelverbindungen, siehe auch → Netzwerkkabel

Roaming Bezeichnet die Möglichkeit, sich mit dem eigenen Handy in das Mobilfunknetz im Ausland einzuwählen. Dabei sollte man sehr auf die Kosten achten – besonders wenn man ein Smartphone verwendet.

Sind die Telefonkosten beim Roaming schon unverschämt teuer, so setzen die Mobilfunkanbieter beim „Datenroaming" oft noch einen drauf.

Daher achten Sie peinlich genau darauf, dass bei Ihrem Smartphone im Urlaub die Datenroaming-Option deaktiviert ist.

Übrigens: Auch wenn Sie im Ausland angerufen werden, belastet so ein Anruf die Urlaubskasse. Denn sowohl abgehende, als auch ankommende Anrufe kosten Gebühren.

Wenn Sie im Urlaub regelmäßig zuhause anrufen müssen oder angerufen werden sollen, dann könnte → SKYPE eine Alternative sein.

Hier kostet beispielsweise ein Anruf ins deutsche Festnetz wenige Cent und damit einen Bruchteil der normalen Telefongebühren.

SKYPE können Sie gut nutzen, wenn Ihnen das Hotel oder das Ferienhaus einen kostenfreien Internetzugang bereitstellt, was heutzutage Standard ist.

ROM

„Read Only Memory" - der Speicher, aus dem wir nur lesen, aber nichts hinterlegen können. So ein typischer ROM ist beispielsweise die gute alte CD-ROM. Hier sind viele Informationen vorhanden, aber hinzufügen können wir nichts mehr.

Router

Der Wegbereiter ins Internet. So ein Router verbindet unser Hausnetz mit dem Internet und sorgt dafür, dass die Daten im Hausnetz dort angekommen, wo sie hingehören. Moderne Router sind echte Alleskönner, sie filtern Schadprogramme aus und bauen auch das eigene Funknetz auf.

RSS-Feed Ein RSS-Feed funktioniert ähnlich wie ein Nachrichtenticker. Sie können so einen RSS-Feed einfach abonnieren und schon kommen die gewünschten Informationen über die Weltpolitik, die Lieblings-Sportart oder auch einfach nur ein bisschen Spaß.

Reparieren statt entsorgen!
Schont Umwelt und Geldbörse

Reparieren? Was für ein altmodisches Wort – total aus der Mode gekommen. Wenn so ein modernes Smartphone, ein Notebook oder das Navi nicht mehr starten will, dann fliegt es eben auf den Müll. Grund dafür sind die zum Teil völlig überhöhten „Reparaturkostenpauschalen".

Auch wenn nur ein kleines Schräubchen fehlt werden so schnell Summen fällig, die eine Reparatur unwirtschaftlich machen. Viele Geräte scheinen aber auch so konstruiert, dass eine Reparatur schlicht nicht vorgesehen ist.

So reicht beim Hersteller eines beliebten Smartphones mit dem berühmten Apfel allein schon ein defekter Akku aus, um eine teure Reparatur auszulösen. Deckel auf, alter Akku raus, neuer Akku rein, Deckel zu – von wegen! Besonders ärgerlich: So ein Akku gilt übrigens auch bei diesem Hersteller als Verschleißteil.

Man könnte fast Methode dahinter vermuten. Denn die Hersteller wollen ja lieber verkaufen, als reparieren. Aber weil wir ja nicht böswillig sind, gehen wir davon aus, dass die Hersteller mit ihren Kostenpauschalen und Akkueinbauten ganz im Sinne der Verbraucher kalkuliert haben.

Wenn Sie das nicht glauben (ich tue das nicht), dann begeben Sie sich einfach auf die Suche nach alternativen Reparaturbetrieben im Internet. Sie bieten die Reparatur für einen Bruchteil der Kosten der Hersteller an und gehen trotzdem nicht pleite.

Und auch die Kunden sind zufrieden – ein Phänomen, das sich auszuprobieren lohnt. Suchen Sie also im Fall der Fälle im Internet nach so einem Reparaturbetrieb, überprüfen Sie die Foren, ob die Betriebe gut arbeiten und dann übergeben Sie Ihr defektes Gerät guten Gewissens an einen dieser Betriebe zur Reparatur. Auf einigen Plattformen können Sie auch Angebote verschiedener Reparaturbetriebe einholen.

In einem Selbstversuch konnte ich die Kosten für die Reparatur eines defekten Smartphones so ganz einfach von 180 auf 60 Euro reduzieren.

In vielen Großstädten bieten die Handwerksbetriebe auch einen Stundenservice an. Dort geben Sie das defekte Gerät im Ladengeschäft ab, nach wenigen Stunden nehmen Sie den digitalen Patienten wieder in Empfang. Perfekt in Stand gesetzt – zum vorher vereinbarten Festpreis.

Drei Tipps:

- Suchen Sie alternative Reparaturbetriebe vor Ort und im Internet und schauen Sie nach, ob andere Kunden mit dem Service zufrieden waren.

- Vereinbaren Sie vor der Reparatur unbedingt einen Festpreis. Dann gibt es hinterher keine bösen Überraschungen.

- Heben Sie die Originalverpackung auf! So ist das wertvolle Gerät beim Versand gut geschützt.

S

S/P-DIF Digitale Tonübertragung über eine optische Schnittstelle. Wurde ursprünglich von Toshiba erfunden, die Abkürzung jedoch (Sony/Philips Digital Interface) lässt davon nichts mehr ahnen.

SD-Karte Die „Secure Digital memory Card" findet sich nahezu in allen Geräten der Unterhaltungselektronik wieder. Sie ermöglicht es, kostengünstig und sicher Fotos, Musik, Videos oder andere Dateien abzuspeichern.

SDHC SD-Karte mit hoher Speicherkapazität, diese Karten wurden eingeführt, um große Datenmengen schnell abspeichern zu können.

Spiegelreflexkameras verlangen nach diesen SDHC-Karten, damit sie die großen Datenmengen eines hoch aufgelösten Fotos schnell auf die Karte schreiben können.

SDHC-Karten verfügen also nicht nur über viel Speicherplatz, sie sind auch schnell.

Serial-ATA

Die Datenautobahn im Computer.

Über den Serial-ATA-Datenbus werden die Daten vom Prozessor zur Festplatte geschickt. Je schneller das funktioniert, umso schneller kann das komplette Rechnersystem arbeiten.

Neben einer hohen Datenrate bietet Serial-ATA aber noch zwei große Vorteile:

Die Steckverbindungen sind kompakt, die Kabel dünn und mobile Festplatten können sogar im laufenden Betrieb gewechselt werden.

Service Pack

Wenn ein Computerprogramm auf den Markt kommt, dann sollte es ausgereift und sicher funktionieren.

Allerdings sind insbesondere Betriebssysteme wie Microsoft Windows derart komplex, sodass im laufenden Betrieb immer wieder

Fehler auftreten oder sich gefährliche Sicherheitslücken für Angriffe von außen auftun.

Um diese Fehler zu beheben und die Sicherheit gegen Cyberattacken zu gewährleisten, stellen die Softwarehersteller regelmäßig Wartungspakete zur Verfügung. Diese Pakete sind kostenlos und sollten immer installiert werden.

Set-Top-Box Zusatzempfänger fürs digitale Fernsehen. So eine Settop-Box kann viele Funktionen haben: In der kleinsten Ausbaustufe ersetzt sie den fehlenden Empfänger im Fernseher, sie kann aber auch mit einer Festplatte ausgestattet sein und so als digitaler Videorekorder dienen.

Viele Anbieter digitaler Zusatzkanäle bieten eigene Settop-Boxen an, die nötig sind, um die eigenen Programme überhaupt empfangen zu können.

Shitstorm Wenn Sie in den sozialen Netzwerken unterwegs sind, dann sollten Sie sich genau an die Regeln dort halten und niemandem zu nahe treten. Ansonsten könnte so ein Sturm der Entrüstung über Sie hereinbrechen.

Shutterbrille

So eine Shutterbrille benötigen Sie für das 3D-Fernsehen. Das Prinzip ist einfach: Der Fernseher sendet für das räumliche Sehen zwei Bilder aus.

Das eine Bild ist für das linke, das andere Bild für das rechte Auge. Damit das Bild für links auch nur das linke Auge zu sehen bekommt, schließt die Shutterbrille das rechte Brillenglas in diesem Moment.

Kommt nun das Bild für das rechte Auge aus dem Fernseher, dann schließt die Shutterbrille entsprechend das linke Brillenglas.

Das Gehirn setzt dann die beiden Bilder zu einem räumlichen Bild zusammen.

Einige Menschen reagieren sehr empfindlich auf diese Technik und bekommen Kopfschmerzen. Sie sollten also vor der Entscheidung für einen 3D-Fernseher ausführlich ausprobieren, ob Sie mit der Shutterbrille klar kommen.

SIM-Karte „Subscriber Identify Module" – die SIM-Karte benötigen Sie, um Ihr Handy im Netz Ihres Handyproviders anmelden zu können.
Ohne SIM-Karte kein Anruf. Die SIM-Karte erhalten Sie vom Netzbetreiber.

SIM-Lock -> siehe Netlock, blockiert das Handy in fremden Handynetzen.

Single Ink Farbdrucker mischen alle Farben üblicherweise aus den drei Grundfarben magenta, gelb und cyan.
Wenn Sie gerne Fotos mit viel Sonne, und gelben Blumen ausdrucken, dann wird der gelbe Farbtank schnell leer sein. Gut, wenn Sie die gelbe Tinte (ink) dann einzeln (single) austauschen können.
Schade ist es, wenn die Farbpatrone alle drei Farben in sich vereint. Dann müssen Sie alle drei Farben gleichzeitig austauschen – auch wenn Cyan und Magenta noch

voll sind.
Und das wird teuer.
Achten Sie also beim Druckerkauf immer darauf, die Farbtanks einzeln tauschen zu können.
Das spart Geld!

Skype   Dienst für das sehr preisgünstige Telefonieren über das Internet. Mit einem Skype-Konto können Sie beispielsweise aus dem Urlaub Ihre Lieben zu Hause auf dem Festnetz anrufen. Das ganz kostet nur den Bruchteil einer klassischen Telefonverbindung aus dem Ausland.

SLR   Abkürzung für Spiegelreflexkamera.

Smartphone   Wenn das Telefon nicht nur telefonieren kann, sondern eigentlich ein kleiner, tragbarer Computer ist, auf dem Sie Programme installieren und ausführen können, dann spricht man von einem Smartphone.

SMS

Der „Short Message Service" ist eigentlich ein Abfallprodukt der Handynetze. Aber irgendwann hatte ein Mitarbeiter der Deutschen Bundespost die Idee, einen Kurznachrichtendienst einzuführen.

Anfangs waren die Netzbetreiber äußerst skeptisch und boten den Dienst sogar kostenlos an, aber dann überrollte sie der Erfolg und die Netzbetreiber erkannten die Chance, richtig Geld zu verdienen.

Der SMS-Versand verursacht auf Betreiberseite kaum Kosten, ist aber äußerst lukrativ:

Bis zu 50 Milliarden Kurznachrichten werden pro Jahr in Deutschland verschickt.

Sniper

Zu Deutsch „Heckenschütze". Sie feuern dann, wenn man es nicht erwartet. Zum Beispiel bei Auktionen im Internet. Dann geben die Sniper-Programme automatisiert in allerletzter Sekunde automatisch ein Gebot ab – uns bleibt dann keine Chance mehr, zu reagieren.

Von vielen Auktionsteilnehmern wird es als unfair empfunden, wie diese Automaten Auktionen beeinflussen Daher ist der Einsatz dieser Sniper-Programme bei vielen Online-Auktionshäusern auch verboten.

Social Media

Das Internet selbst ist ja genau genommen nur eine technische Plattform, um Informationen auszutauschen.

Auf dieser Plattform werden viele unterschiedliche Dienste angeboten. Über einen dieser Dienste surfen wir im Internet, über einen anderen tauschen wir Emails aus, über einen dritten wickeln wir unsere Bankgeschäfte ab. Und dann gibt es noch verschiedene Kommunikationsmöglichkeiten, wie die Chats.

In letzter Zeit haben ganz andere Formen der Kommunikation rasant an Bedeutung gewonnen. Die Sozialen Netzwerke. Bekanntester Dienst ist Facebook.

Er bietet neben anderen Diensten wie Google+ die Möglichkeit, sich einfach im Internet darzustellen, Kontakt zu anderen aufzunehmen und festzulegen, wer welche Informationen über mein privates -

aber auch mein Berufsleben einsehen darf.
Dazu erlauben es die sozialen Netzwerke, Fotos, Audios und Videos auf das eigene Angebot hochzuladen.

Tipp: Achten Sie peinlich genau darauf, welche Informationen Sie im Internet über sich preisgeben. Denn einmal ausgebreitet, lässt sich nichts mehr zurückholen oder löschen. Auch nicht die peinlichen Fotos von der letzten Geburtstagsparty.

Softkey Eine Taste, der je nach Programmumgebung unterschiedliche Funktionen zugeordnet werden können.

Soundchip Siehe -> Soundkarte, der Soundchip auf der Hauptplatine des Computers sorgt dafür, dass die digitalen Töne hörbar werden.

Soundkarte Bauteil im Computer, das die Töne zu hörbaren Tönen macht. Ohne dieses Bauteil bleibt der Computer stumm. Inzwischen ist die Soundkarte üblicherweise fester Bestandteil der Hauptplatine des Computers.

Spam „Gesülze" im Internet. Im Internet werden täglich Milliarden Werbebotschaften, Lockangebote oder dubiose Emails mit Betrugsabsichten verschickt.

Diesen digitalen Müll sollten Sie sofort löschen, zumal dieser Müll auch gefährlich werden kann. .

Noch besser ist es aber, wenn dieser Spam gar nicht erst auf dem Computer gelangt. Daher bieten gute Internetprovider Spam-Filter an, die dafür sorgen, dass Spam sofort gelöscht und gar nicht erst an Sie weitergereicht wird.

Speicher-
erweiterung

Neben vielen anderen Bauteilen hängt vom Arbeitsspeicher im Computer die Leistungsfähigkeit des Computers ab.

Ist dieser Speicher zu langsam oder viel zu klein, dann wird die Maschine langsam - obwohl Sie vielleicht einen tollen Prozessor eingebaut haben.
Wenn Ihr Computer also sehr langsam arbeitet und das Festplattenlämpchen ständig Dauerlicht hat, dann sollten Sie Ihrem Computer eine Speichererweiterung gönnen.

Das ist gar nicht so teurer und bringt häufig sehr viel.

Spyware

Vorsicht! Spyware ist eine gefährliche Wortschöpfung, bestehend aus „Spy" für Spion und „Ware" aus dem englischen Wort „Software" für Programm. Diese Spionageprogramme sind dafür geschaffen, um Sie und Ihren Computer auszuspionieren. Spyware fängt man sich durch unvorsichtiges Surfen im Internet ein, es reicht unter

Umständen schon aus, eine infizierte Seite im Netz aufgesucht zu haben.

SSD

„Solid State Disc" – eine Festplatte ohne Mechanik. Das hat zwei Vorteile: So eine Festplatte ist unempfindlich gegen mechanische Stöße und diese Festplatten sind sehr schnell, die Daten werden sehr schnell auf die Platte geschrieben und ausgelesen. Und es hat einen Nachteil: SSD-Festplatten sind sehr teuer.

SSL

„Secure Socket Layer" – die „sichere Verbindungsschicht" schafft im Internet eine verschlüsselte Verbindung, sodass niemand Ihre eingegebenen Daten mitlesen kann.

Sie erkennen diese sichere Verbindung im Internet an der Verbindungskennung „https".

Diese Form der Verschlüsselung wird beispielsweise auch beim Onlinebanking verwendet.

Geben Sie niemals persönliche Daten, besonders Kontodaten, im Internet ohne diese gesicherte Verbindung ein, im Internet könnte sonst jeder einfach mitlesen.

Jeder seriöse Anbieter im Netz wird Sie immer auf eine gesicherte Verbindung umleiten, wenn es darum geht, sensible Daten zu übermitteln.

Streaming

Radio hören im Internet, das letzte Video aus der Tagesschau ansehen oder einfach nur mal ein witziges Video für die kleine Pause zwischendurch.

Diesen Datenstrom nennt man Streaming.

Subnotebook

Kleine, schicke, portable Computer, die sehr leistungsfähig sind, aber kompakt in der Bauform.

Subnotebooks eignen sich für Geschäftsleute, die viel unterwegs sind, denen die Leistungsfähigkeit eines Netbooks aber nicht ausreicht. Subnotebooks sind etwas teurer als normale Notebooks mit vergleichbarer Leistung.

Such-maschine

Das Internet ist die größte Wissenssammlung, die der Mensch jemals erschaffen hat. Nur eins hat er vergessen: Das Inhaltsverzeichnis.

Und so finden wir wie in einem riesigen Berg von Notizzetteln niemals das, was wir suchen.

Dafür gibt es die Suchmaschinen. Sie wühlen in diesen Datenbergen und schreiben alle Informationen in einen Katalog.

Und dieser Katalog ist sehr gut organisiert, damit wir ganz schnell das finden, was wir suchen. Beachten müssen wir dabei immer, dass Suchmaschinen uns nur das anzeigen, was sie selbst für wichtig erachten. Wir verlassen uns bei unserer Suche im Internet also immer auf einen anderen, großen Bruder. Eine der großen amerikanischen Suchmaschinen.

Surfstick

Wenn Sie mit dem Notebook unterwegs sind und im Internet surfen möchten, dann benötigen Sie eine mobile Internetverbindung. Die kann ein Surfstick für Sie herstellen. Der

Surfstick sieht aus wie ein überdimensionierter USB-Stick. Er nimmt die -> SIM-Karte Ihres Mobilfunkbetreibers auf und stellt so die Internetverbindung her.

Surround Klang

Wenn beim Film im Heimkino ein Zug von hinten links nach vorne rechts durchs Bild fährt, dann ist es ja eigentlich sehr schön, wenn man das auch hören kann.
Das erledigen Surround Klangsysteme. Die bestehen meist aus mehreren Lautsprechern, die im ganzen Wohnzimmer verteilt werden müssen.

Besonders beliebt sind die Systeme mit 5.1 – dort hat man zwei Lautsprecher für jede Seite (vorne und hinten) und dazu einen zentralen Lautsprecher für die Mitte, in der Summe also fünf Lautsprecher.

Hinzu kommt der Basslautsprecher. Hier reicht eine einzige Box, denn das menschliche Ohr kann bei tiefen Tönen nicht unterscheiden, ob sie von vorne, hinten, links oder rechts kommen. Diese tiefen Töne sind einfach da.

Soziale Netzwerke: Freunde ohne Ende

Für den gut situierten Amerikaner gehört die Mitgliedschaft im „Country Club" einfach dazu. Hier findet er seinen sozialen Austausch, trifft Menschen, die er kennt und lässt es sich einfach gut gehen. Gelegentlich kann man ja auch ein lukratives Geschäft einfädeln.

Auch im Internet gibt es diese Clubs, dort nennen Sie sich Facebook, Google + oder Feierabend. de.

Man trifft sich, tauscht sich aus und versorgt sich gegenseitig mit den neusten Informationen, von denen man glaubt, sie könnten den anderen irgendwie interessieren. Mitglied zu werden ist für jeden möglich, kostenlos und denkbar einfach. Sie müssen sich einfach nur über ein Webformular anmelden und schon kann es los gehen.

Sie werden sich wundern, wen Sie dort treffen können und was Sie über Nachbarn, Kollegen und Chefs so alles erfahren können.

Wagen Sie einfach den ersten Schritt, die nächsten kommen dann von ganz allein. Alles funktioniert hier wie im richtigen Leben. Und so sollten Sie sich auch verhalten. Denn es gibt klare Regeln in allen sozialen Netzwerken.

Bedenken Sie bei allem, was Sie tun, ob Sie sich so auch im direkten Kontakt mit dem Nachbarn, der Kollegin oder dem Chef so verhalten würden, wie sie es in einem sozialen Netzwerk gerade tun und ob Sie auch alle Informationen genau diesen Menschen mitteilen würden.

Seien Sie also mit persönlichen Angaben oder dem Freigeben von scheinbar lustigen Fotos aus dem letzten Urlaub oder der launigen Feier sehr, sehr zurückhaltend. Was einmal über Sie im Netz ist, das holen Sie nie wieder zurück.

Überlegen Sie, wer was über Sie erfahren soll, denn Sie haben bei allen sozialen Netzwerken die Möglichkeit zu bestimmen, wer welche Informationen über Sie einsehen darf.

Nutzen Sie diese Möglichkeit und entscheiden Sie sich im Zweifel gegen zu große Offenheit. Denn Sie können ja nicht wissen, welche Informationen über Sie aus dem „vertrauten" Kreis nach außen getragen werden. Auch das ist wie im richtigen Leben. Der Mensch schwatzt eben gerne – besonders über andere.

Es muss nicht immer Facebook sein – auch wenn Facebook mit Abstand das größte soziale Netzwerk aufgespannt hat. Dort ist also die Wahrscheinlichkeit am größten, wirklich die interessantesten Menschen zu treffen.

Wenn Sie es lieber ein bisschen kleiner und überschaubarer möchten, dann sollten Sie sich auf die Suche nach einem sozialen Netzwerk für genau Ihr Interessengebiet umschauen. Davon gibt es tausende im Internet.

Noch ein Tipp: Glauben Sie längst nicht alles, was in so einem sozialen Netzwerk geschrieben wird. Hier wird geflunkert und übertrieben, was das Zeug hält. Außerdem nutzt auch die Industrie die sozialen Netzwerke, um auf Ihre Produkte oder Dienstleistungen aufmerksam zu machen.

Die moderne Form der Werbung.

Tablet PC

Der bekannteste Vertreter ist das iPad, inzwischen gibt es aber eine Vielzahl dieser schicken und äußerst praktischen Computer.

Sie zeichnen sich dadurch aus, dass sie keine Tastatur mehr besitzen, der berührungs-empfindliche Bildschirm ersetzt die Tastatur. Das Arbeiten mit so einem Tablet PC ist völlig anders als mit dem klassischen PC – aber es macht viel Spaß.

Taktfrequenz

Beim Auto sind es die PS, beim Prozessor ist es die Taktfrequenz - je schneller umso besser. Aber eine hohe Taktfrequenz allein macht noch keinen schnellen Computer. Denn heutzutage besitzen die Prozessoren auch noch mehrere Kerne – sozusagen mehrere Motoren. Deshalb gilt die Regel: Je höher die Taktfrequenz und je mehr Rechenkerne – umso mehr Power hat Ihr Computer.

TIFF

„Tagged Image File Format" - heißt so viel wie „etikettiertes Bilddatenformat".

TIFF-Dateien haben den großen Vorteil, dass sie verlustfrei komprimiert wurden. Dadurch sind sie zwar größer als → jpg-Bilddateien, aber sie besitzen noch die maximalen Bildinformationen. Dadurch eignen sich die TIFF-Dateien optimal als Druckvorlage im professionellen Bereich.

Der Amateur sollte bei der Verwendung von TIFF-Dateien eher darauf achten, dass die Festplatte nicht aus allen Nähten platzt.

Time Shift

Die verschobene Zeit. Wenn Sie lange arbeiten müssen, aber der Spielfilm schon beginnt, dann nutzen Sie doch einfach die Timeshift-Funktion Ihres Videorekorders.

Der zeichnet den Spielfilm für Sie auf und sie können den Anfang des Filmes bereits anschauen, während der Rekorder das Ende noch aufzeichnet. Sehr praktisch.

TMC	Der Travel Message Channel versorgt Sie mit aktuellen Verkehrsinfos. So können sie Staus umfahren und erhalten Gefahrenmeldungen rechtzeitig. Die kostenlosen Meldungen werden über den UKW-Funk ausgestrahlt.
TMC Pro	Die Weiterentwicklung des → TMC. TMC-Pro Informationen werden über die Radiostationen des Privatfunks ausgestrahlt, die Nutzung ist kostenpflichtig. Dafür bietet TMC-Pro deutlich mehr Informationen als der klassische TMC-Informationsdienst. TMC-Pro versorgt Sie schneller mit den aktuellen Verkehrsinformationen.
Transflexible Displays	Diese Bildschirme sind auch bei Sonnenlicht noch gut ablesbar. Dabei nutzen sie die Einstrahlung für die Hintergrundbeleuchtung.

Trojaner

Abgeleitet von der List bei der Eroberung Trojas aus der griechischen Mythologie.
Die Stadt Troja galt lange Zeit als uneinnehmbar.

Dann aber setzten die Griechen eine Kriegslist ein. Sie bauten ein riesiges hölzernes Pferd und erklärten den Trojaner, dies sei ein Geschenk der Götter.
Die Trojaner öffneten die Stadttore und rollten das Trojanische Pferd in die Stadt.

Was sie nicht ahnten: Im Bauch des Pferdes versteckten sich griechische Soldaten, die in der Nacht aus dem Bauch des Pferdes schlüpften und die Stadttore öffneten, sodass das griechische Heer die Stadt ganz einfach einnehmen konnte.

In der Computerwelt verwendet man das Bild des Trojaners, wenn ein Lockprogramm tolle Dinge verspricht, dieses Programm aber nur dazu dient, einen Virus oder einen anderen digitalen Schädling auf den Computer zu bringen und die Sicherheitsmaßnahmen zu überlisten.

TV-Karte   Wenn Sie an Ihrem Computer fernsehen wollen, dann benötigen Sie einen TV-Empfänger. Für diesen Zweck gibt es die TV-Karten, die aus Ihrem Rechner einen echten Fernseher machen.

Die TV-Karten können Sie für alle Empfangswege (Kabel, Satellit und terrestrischen Empfang) erwerben. Üblicherweise bringen die TV-Karten sogar eine Fernbedienung mit, sodass dem gemütlichen Fernsehabend nichts im Wege steht.

Twitter   Die SMS im Internet. Über Twitter lassen sich in sogenannten Tweets kurze Nachrichten verfassen oder neudeutsch „bloggen". Twitter ist weltweit verbreitet und dient auch in politisch instabilen Ländern zur Verbreitung von Informationen der Oppositionen.

Tablet Computer
Flach, schick, gut

Sie wissen nicht, was ein Tablet-Computer ist? Man erkennt diese Geräte ganz einfach, denn sie bestehen nur aus dem flachen Bildschirm und haben keine Tastatur. Bekanntester Vertreter ist das iPad von Apple. Leider ist es auch das teuerste.

Wenn Sie nun vor der Entscheidung stehen, sich ein Notebook oder ein Tablet-Computer anzuschaffen, dann sollten Sie sich nur diese einzige Frage stellen:

Gibt es irgendeinen Grund, warum Sie sich KEIN Tablet kaufen sollten?

Denn Tablets bieten dem Normalanwender viele Vorteile. Nur wenn Sie etwas ganz besonderes mit dem Computer vorhaben, wenn Sie extreme Leistung benötigen oder wenn Sie mit ganz speziellen Programmen arbeiten müssen, dann könnte die Entscheidung für einen Laptop ausgehen.

Selbst wenn Sie mit der Bildschirmtastatur eines Tablet-Computers nicht klar kommen, dann können Sie eine externe Tastatur hinzukaufen und aus dem Tablet-Computer wird ein richtiger Rechner. Auch der begrenzte Speicherplatz eines Tablets ist heute kaum noch ein Problem, denn Daten speichern Sie in der Datenwolke, der Cloud, in unbegrenzter Menge.

Bleibt noch die Sache des persönlichen Geschmacks. Manch einer mag einfach eher ein richtiges Notebook, manch anderer freut sich über das unkomplizierte Arbeiten mit dem Tablet. Unkompliziert ist es, weil das Tablet auf Knopfdruck zur Verfügung steht – langes Hochfahren, das Booten, ist Geschichte.

Sehr angenehm ist auch das Arbeiten mit den Apps – den Applikationen. Das sind die Programme bei den Tablet-Computern.

Wenn nun also die Entscheidung für ein Tablet gefallen ist, bleibt die Frage: Welches denn? Tablets unterscheiden sich im Wesentlichen durch drei Merkmale:

- Größe
- Betriebssystem
- Preis

Es gibt zwei Geräteklassen, die kleine Klasse mit 7 Zoll-Bildschirmgröße (rd. 18 cm) und die große Klasse mit 10 Zoll (rd. 25 cm). Die Kleinen haben viele Vorteile: Sie sind billiger, leichter und eigentlich reicht so ein kleiner für den Alltagsbetrieb völlig aus.

Wenn Sie aber ernsthaft damit arbeiten möchten, dann stoßen die Minis schnell an ihre Grenzen. Grundsätzlich gilt: Wer Inhalte konsumieren möchte, dem reicht der Kleine, wer Inhalte herstellen möchte, der sollte zu einem Tablet mit der großen 10 Zoll Bildschirmdiagonale greifen.

Zweites Kriterium ist das Betriebssystem – es macht den Charakter des Computers aus. Sie haben die Wahl unter drei Systemen:

- IOS von Apple
- Android von Google
- Windows RT / Windows 8 von Microsoft.

IOS gilt als der Urvater der Systeme, die iPads und iPhones laufen damit. IOS läuft stabil und macht kaum Probleme. Apple-typisch wird hier großer Wert auf Bedienkomfort gelegt, das System erklärt sich von selbst. Aber das hat auch seinen Preis. Damit IOS so klar strukturiert sein kann, sind dem Benutzer an einigen Stellen die Hände gebunden, er muss sich mit den Vorgaben von Apple abfinden. Das ist im Alltag aber fast nie ein Problem.

Apple bietet sehr viele und sehr gute Apps über seinen App-Store an, da können die meisten Konkurrenzsysteme (noch) nicht mithalten. IOS Geräte sind nicht erweiterbar und bieten kaum Möglichkeiten, externe Geräte anzuschließen. Ein einfacher USB-Anschluss fehlt, wenn der Speicher nicht ausreicht, dann sucht man den Slot für eine externe Speicherkarte dort vergeblich.

Das Betriebssystem Android von Google ist herstellerunabhängig. So können Sie sich genau das passende Tablet aus einer großen Vielfalt unterschiedlicher Bauarten heraussuchen.

Android Geräte sind meist etwas günstiger zu haben, als vergleichbare iPads von Apple. Android ist ähnlich komfortabel wie IOS, bietet aber wesentlich größere Einstellmöglichkeiten für den Benutzer.

Außerdem lassen sich Android-Geräte üblicherweise erweitern und einfacher mit externen Geräten koppeln. Achten Sie beim Kauf unbedingt darauf, dass Ihr Gerät die neuste Android-Version mitbringt oder sich auf den aktuellen Stand bringen lässt. Ist dies nicht möglich, dann sind Sie mit Ihrem neuen Tablet von der aktuellen Software-Entwicklung abgehängt. Nur wenn das Gerät mit den Vorgaben von Android-Herausgeber Google kompatibel ist, dann steht Ihnen die gesamte Welt der Android-Apps zur Verfügung.

Kann das Tablet diese Vorgaben nicht erfüllen, dann können Sie nur auf eine sehr begrenzte Auswahl im Google Play Store, dem Applikationsladen von Android, zurückgreifen. Und das mindert den Spaß doch erheblich. Diese Einschränkungen betreffen meist günstige Einsteigermodelle von NoName-Herstellern.

Deutlich an Bedeutung verloren – oder besser gesagt, nie wirklich Bedeutung erreicht haben die Tablets mit dem Betriebssystem Windows RT und Windows 8. Hier hat der Riese aus Redmond mal wieder einen Trend verschlafen. Die Tablets, die Microsoft selbst auf den Markt gebracht hat, waren noch nicht einmal schlecht, auch an das vom PC bekannte Betriebssystem hat man sich schnell gewöhnt. Dennoch bekommt Microsoft den berühmten Fuß nicht so recht in die Türe. Dazu mag auch beitragen, dass die Auswahl an Apps deutlich kleiner ist, als für die Konkurrenzangebote.

Die Größe bestimmt den Preis - klar, aber auch die unterschiedliche Qualität schlägt sich beim Preis nieder. Es ist wie beim Autokauf – irgendwie sehen die Wagen von außen alle gut aus, aber erst der Blick unter die Motorhaube und die ausgiebige Probefahrt lassen ein Urteil zu.

Sparen Sie nicht an der falschen Stelle. Klar sehen auch billige NoName-Produkte auf den ersten Blick sehr gut aus, Sie werden aber sehr schnell feststellen, dass diese Billigheimer nicht die Vorzüge eines „richtigen" Tabletcomputers bieten können.

Diese drei Punkte sollten Sie beachten:

- Kapazitives Display:

Die Bildschirme haben bei den Tablets eine ganz entscheidende Bedeutung. Sie ersetzen Tastatur und Maus. Ich empfehle Ihnen hier die sogenannten kapazitiven Displays, wie sie iPad, Samsung Galaxy oder andere verwenden. Diese Bildschirme reagieren auf die kleinste Berührung und erlauben besondere Eingabegesten wie die Multitouchfunktion, bei der Sie beispielsweise mit zwei Fingern einfach das Bild vergrößern können. Die resistiven Displays, die man oft bei günstigeren Modellen findet, halte ich persönlich bei Tablets für ungeeignet.
Aktuelle Markentablets bringen heute sämtlich gute Displays mit, es gibt noch Unterschiede bei der Hintergrundbeleuchtung. Die dürfte allgemein immer noch etwas heller sein, wenn Sie mit dem Tablet unter freiem Himmel arbeiten möchten.

- Modernes Betriebssystem:

Nur wenn Sie sich für ein System der großen Drei (Apple, Google, Microsoft) entscheiden, steht Ihnen die ganze Wet der Apps offen. Beachten Sie dabei, dass die Systeme untereinander nicht kompatibel sind. Es gibt nicht jede App für jedes Betriebssystem.

- Technische Ausstattung:

Moderne Tablets verfügen über einen Mehrkernprozessor mit mindestens 1,2 GHZ, der Arbeitsspeicher ist auch in der kleinsten Ausbaustufe meistens ausreichen. Allerdings können Sie so ein Tablet nicht ohne weiteres Nachrüsten. Wenn Sie also Bedenken haben, die kleinere Version zu kaufen, dann lassen Sie sich genau beraten.

Apple-Geräte punkten durch ein extrem gutes Display. Diese Retina-Display genannte Anzeige bietet mehr Bildpunkte, als das menschliche Auge verarbeiten kann. Dadurch sind die einzelnen Pixel nicht mehr als Bildpunkte erkennbar und das Bild wirkt gestochen scharf.

Anbieter wie Samsung oder HTC haben ebenfalls hervorragende Tablets mit sehr guten Displays im Angebot.

Egal, für welches Gerät Sie sich entscheiden: So ein Tablet ist zukünftig Ihr digitaler Wegbegleiter und unter diesem Aspekt sollten Sie die Auswahl treffen.

U

UMTS

"Universal Mobile Telecommunications System" – oder kurz auch 3G-Standard genannt. Über UMTS war es das erste Mal möglich, das mobile Internet mit hohen Datenraten (bis zu 2 Mbits) zu nutzen. Der Nachfolger von UMTS ist → LTE oder der G4-Standard.

UNDO

„Rückgängig!". Eine Funktion die wir alle sicher schon sehr zu schätzen gelernt haben, wenn eine Eingabe total daneben war.

Upload

Sie können Dateien aus dem Internet herunterladen – aber natürlich auch selbst etwas über das Internet verbreiten: Ihre Urlaubsfotos, ein lustiges Video oder einen Text über das Urlaubsland. Dazu müssen Sie Ihre Datei „hochladen".

Upscaling — Wenn ein Bild nicht genau auf den Bildschirm passt, weil es zu klein ist, dann muss es hochgerechnet werden.

Beim Fernseher muss das unter Umständen 25 mal pro Sekunde passieren. Das erledigt der Upscaler – er passt das Bild in Echtzeit an den Bildschirm an.

Wenn er das gut macht, dann bemerken wir das gar nicht, ist dieser Chip zu knapp ausgelegt, dann sehen wir auf dem Bildschirm eigenartige Effekte oder auch ein Ruckeln.

URL — „Uniform Resource Locator" – die Internetadresse.

USB — Universal Serial Bus. An diesen Computeranschluss lassen sich alle Geräte anschließen – vom Drucker über den Scanner bis zum Fotoapparat oder Smartphone.

USB 3.0 Die aktuelle und schnellste Variante des USB- Anschlusses. Dazwischen gibt es natürlich noch den sehr weit verbreiteten USB 2.0 Standard, der am häufigsten genutzt wird.

Unverbindliche Preisempfehlungen: Teure Täuschung statt Orientierung

Unverbindliche Preisempfehlungen oder „UVP"s liegen fast immer über dem sogenannten „Straßenpreis" - also über dem Preis, den wir im Geschäft „an der Straße" angeboten bekommen. Die UVP wird vom Hersteller festgelegt, wenn das neue Gerät auf den Markt kommt und soll dem Handel als Orientierung dienen.

Aber sehr schnell purzelt dieser Preis, wenn der Konkurrenzkampf auf der Straße losgeht. Dann bietet jeder Händler „seinen" Preis an.

In der Praxis sieht das so aus: Am Gerät klebt ein Preisschild mit der rot durchgestrichenen ehemaligen Preisempfehlung des Herstellers, darunter – in großen Ziffern – der viel niedrigere Preis des Händlers. Bei uns löst das sofort das Gefühl aus, schnell kaufen zu müssen – immerhin sparen wir anscheinend ja viel Geld. Letzte Zweifel werden schnell beiseite gelegt.

Vorsicht! Das ist reine Verkaufspsychologie. Viele dieser Herstellerpreise haben es niemals in die Läden geschafft. Damit ist die ausgeschilderte Reduzierung dieses Preises gar kein Rabatt. Hinzu kommt, dass dieser ursprünglich genannte Preis bereits lange veraltet ist – genau wie das Gerät, das Sie gerade vor sich sehen.

Denn in der IT-Industrie laufen die Innovationszyklen mit rasanter Geschwindigkeit. So bringen die Hersteller bis zu vier neue Gerätegenerationen pro Jahr auf dem Markt. Ist die ursprünglich genannte Preisempfehlung also nur ein Jahr alt, dann gibt es mitunter bereits vier Nachfolgemodelle.

Aber es gibt auch noch einen anderen Trick, uns hinters Licht zu führen: Den „ursprünglichen Preis". Dieser ursprüngliche Preis kann völlig beliebig sein. So ist es dann auch ein leichtes, diesen ehemals rein virtuellen, viel zu hohen Preis um „sagenhafte 75 Prozent" zu reduzieren, um so auf einen realistischen Marktpreis zu kommen.

Achten Sie einmal darauf, wie viele der Preise im Handel rot durchgestrichen und scheinreduziert sind und wie häufig mit Sonderangeboten oder Rabattaktionen geworben wird. Sie werden kaum einen ganz normalen Preis entdecken.

Für Besitzer moderner Smartphones bieten übrigens kostenlose Preisvergleichs-Apps eine große Hilfe. Sie scannen den Barcode des Gerätekartons und werten in Sekundenschnelle Preissuchmaschinen im Internet aus. So wissen Sie sofort, ob das Schnäppchen da vor Ihnen auch wirklich eines ist.

Für uns Verbraucher heißt es also immer: Lassen wir uns nicht austricksen, sondern bewahren wir beim Einkauf klaren Kopf und vergleichen wir die Preise - ganz nüchtern.

Drei Tipps:

- Lassen Sie sich nicht durch riesige Rabatte beeindrucken. Fragen Sie, wie alt der durchgestrichene Preis ist und woher er stammt.

- Suchen Sie im Internet nach Testberichten. Anhand des Datums des ersten Testberichtes können Sie schnell erkennen, ob Sie es hier mit einem längst überholten Ladenhüter zu tun haben.

- Vergleichen Sie die Preise. Besonders hilfreich für unterwegs sind hier Preisvergleichs-Apps für Smartphones.

V

VDSL

Das super schnelle Internet. VDSL kommt meist über eine Glasfaserleitung bis an die Straße und wird von dort aus in die Häuser verteilt. Mit VDSL kann man interaktives Fernsehen genießen und nebenbei auch noch im Internet surfen. Dabei Steht VDSL für „Very High Speed Digital Subscriber Line". Übersetzt würde man sagen: Äußerst schnelle Datenleitung für alle, die einen Vertrag haben.

Video on Demand

Vorbei die Zeit, als man bei Regenwetter und schlechtem Fernsehprogramm den Mantel anziehen und sich auf den beschwerlichen Weg in die Videothek machen musste.

Heute ist die Videothek im Internet, das Video selbst lädt man sich auf die Festplatte. Das ist bequem, kostet aber auch Geld. Wie eben in der richtigen Videothek.

Video-telefonie

Telefonieren und sich dabei sehen – weltweit. Das Internet macht es möglich.

Alles was Sie brauchen ist ein Computer, eine kleine Kamera dazu einen schnellen Internet-Anschluss. Und natürlich einen Dienst, der die Internet-Telefonie bereitstellt.

Viren-Signatur

Jeder Computervirus hat seine eigene DNA. Anhand dieser „Genstruktur" können Virenschutzprogramme die digitalen Schädlinge erkennen und ausschalten. Damit sie das können, muss die Gendatenbank immer auf den neusten Stand gebracht werden. Virenscanner vergleichen die Einträge in der Datenbank mit den Strukturen auf dem Computer. Findet sich eine Übereinstimmung, dann schlägt das Programm Alarm.

VOD → Video on Demand

Vollformat-Sensor Je größer der Chip bei der digitalen Fotografie, umso besser die Bilder. Ein Vollformatsensor verfügt über eine Oberfläche von 36x24 mm und hat damit nahezu Kleinbildformat. In den kompakten Digitalkameras sind die Chips deutlich kleiner.

Viren und digitale Schädlinge: Vermeiden Sie die Infektion!

Viren, Würmer und Trojaner – eine scheinbar abstrakte Bedrohung, die aber sehr schnell real werden kann. Wenn wir im Internet ohne entsprechenden Schutz unterwegs sind, dann werden wir bereits in dem Moment angegriffen, in dem wir die Internetverbindung herstellen. Umgehend nisten sich Viren, Würmer und Trojaner auf unserem Computer ein.

Viren infizieren und zerstören Programme und Dateien, Würmer vermehren sich zunächst ohne sichtbare Schadwirkung und kompromittieren erst danach ganze Netzwerke, Trojaner sind besonders hinterhältig, denn sie öffnen ein Hintertürchen zu unserem Computer. So gelangen beispielsweise Spionageprogramme auf unseren Rechner, die es möglich machen, den PC von außen abzuhören und für Attacken auf fremde Computersysteme zu missbrauchen.

Sämtliche dieser „Malware" genannten Miniprogramme sind also potentiell gefährlich und Sie sollten diese Bedrohung wirklich äußerst ernst nehmen. Ist der Verlust von Dokumenten, Fotos und der Musiksammlung durch Virenbefall auf dem eigenen Rechner vielleicht nur ärgerlich oder ein bisschen teuer, so kann ein Trojaner dafür sorgen, dass Sie sogar ernste Schwierigkeiten mit dem Staatsanwalt bekommen.

So ein Trojaner ermöglicht es, unsere gesamten persönlichen Daten und damit unsere Identität zu entwenden und damit sogar in unserem Namen Straftaten zu begehen. Übertragen ins reale Leben wäre das so, als hätte man den Personalausweis, den Führerschein und die Kreditkarte kopiert. Mit diesen -unseren- Daten wird dann ein Auto angemietet und ein Banküberfall verübt. Klar, dass die Polizei dann zum Nachfragen einmal vorbeikommt. Der Diebstahl einer Identität im Internet passiert in Deutschland statistisch gesehen zwei Mal pro Minute.

Diesen Bedrohungen können Sie relativ einfach aus dem Weg gehen.
Das Wichtigste zuerst:

Gehen Sie niemals ohne ein Virenschutzprogramm ins Internet. Diese Programme, die übrigens alle Sorten digitaler Schädlinge erkennen, können Sie im Fachhandel kaufen. Es gibt aber auch kostenlose Versionen. Diese kostenlosen Programme arbeiten nicht schlechter, als die Kaufversionen, sind aber nicht immer so komfortabel zu bedienen und bieten alle Überwachungsoptionen an. Gute Schutzprogramme erkennen und beseitigen über 90% aller digitaler Schädlinge – ein wirklich sehr guter Wert.

Wichtig ist aber auch, dass Sie Ihr Schutzprogramm immer auf dem aktuellen Stand halten. Nur wenn der Virenschutz alle Bedrohungen kennt, kann er sie abwehren. Pro Sekunde werden irgendwo auf der Welt zwei digitale Schädlinge entwickelt und im Internet ausgesetzt. Diese Schädlinge hinterlassen Spuren im Internet, digitale Fingerabdrücke.

Die Hersteller von Antivirenprogrammen sammeln diese Fingerabdrücke wie in einer Verbrecherkartei ein und stellen uns ihre immer ständig aktualisierte Kartei zur Verfügung.

Die Virenschutzprogramme auf unserem Rechner überprüfen nun unseren Computer auf diese digitalen Fingerabdrücke und warnen uns, sobald sie damit einen Eindringling identifizieren konnten. Aber nur wenn wir auf unserem Computer die neueste Verbrecherkartei installiert haben, dann kann das Programm auch wirklich alle Schadprogramme finden.

Mindestens einmal am Tag muss also diese Datei mit den neuesten Fingerabdrücken, den sogenannten Virensignaturen, aktualisiert werden. Aber das erledigen die Schutz-Programme meistens von selbst.

Ihr Computer wird auf einmal langsam und tut komische Dinge? Dann könnte sich der Rechner „infiziert" haben. Das ist kein Grund zur Panik. Führen Sie einen Intensiv-Scan durch, den bieten nahezu alle Virenschutzprogramme. Wenn das nichts bringt, dann ziehen Sie einen Fachmann hinzu, der den Computer für Sie säubert.

Der beste digitale Schutz bringt aber nichts, wenn Sie selbst zu leichtsinnig sind. Meiden Sie grundsätzlich die „dunklen" Ecken des Internet. Und wenn Sie eine eigentümliche Email von einem unbekannten Absender bekommen, löschen Sie diese Mail einfach. Wichtige Geschäftskorrespondenz erreicht uns immer noch auf dem klassischen Postweg.

Also keine Sorge, dass Sie etwas verpassen, wenn Sie eine vermeintlich besonders wichtige Email löschen.

Auf gar keinen Fall sollten Sie mögliche Dateianhänge öffnen – auch wenn es Sie noch so in den Fingern juckt. Denn diese Lock-Emails sind genau so geschrieben, dass Sie neugierig werden und so in die Falle tappen. Ich bin immer gut damit gefahren, wenn ich mich im Zweifel für das Löschen und gegen das Öffnen einer dubiosen Email entschieden habe.

Drei Tipps:

- Gehen Sie niemals ohne Virenschutz ins Internet.

- Halten Sie alle Programme immer auf dem aktuellen Stand.

- Seien Sie wachsam auf Ihrer Reise durch die digitale Welt und bleiben Sie stets misstrauisch.

Eine sehr gute Übersicht der Virenschutzprogramme bietet die Seite www.avtest.de

Hilfe beim sogenannten „BKA-Trojaner" erhalten Sie hier: http://bka-trojaner.de/

Und das Bundesamt für die Sicherheit in der Informationstechnologie hält ebenfalls wertvolle Informationen parat: www.bsi.de

W

Web-Archiv Möglichkeit, im Internet Angebote zu suchen, die inzwischen depubliziert wurden. Die Adresse im Internet lautet: web.archive.org

Web-Radio → Internet-Radio

WIMAX Ein Standard für das Betreiben von regionalen Funkdatennetzen. WIMAX wird häufig in Gebieten eingesetzt, in denen kein schneller Internetzugang per Kabel (->DSL) verfügbar war. Inzwischen wird WIMAX aber von → LTE abgelöst. (worldwide interoperability for microwave access)

Windows Erfolgreichstes ->Betriebssystem der Welt für Computer, entwickelt von Microsoft.

WinZIP Kostenloses Programm, um Dateien zu „packen", also zu schrumpfen. Sehr hilfreich, wenn man größere Dateien per Email verschicken will. Mit Win-ZIP lassen sich Dateien auf bis zu einem Zehntel der Original-Größe komprimieren. Siehe dazu auch → ZIP

WLAN Abkürzung für wireless local areal network" - zu Deutsch Funknetz. Dieser kabellose Internetzugang ist besonders für das Netzwerk zuhause sehr praktisch, denn es erspart das lästige Kabelziehen.

Allerdings stößt so ein Funknetz auch an Grenzen: Es durchdringt zwar mühelos normale Hauswände, aber die Sendeleistung des → Routers reicht oftmals nicht aus, um auch die entlegenen Ecken des Hauses zu erreichen. Zudem ist die Bandbreite der Funknetze begrenzt – wer also zuhause Videos in hoher Auflösung über das Hausnetz schicken möchte, der sollte dann doch über die Kabelverbindung nachdenken.

WPA

Nur wer einen Schlüssel hat, der darf ins Haus – alle anderen müssen draußen bleiben. und auch wer ein Funknetz betreibt, der sollte darauf achten, dass kein anderer mithören kann, der nicht dazu gehört.

Die WPA-Verschlüsselung bietet eine relativ sichere Möglichkeit, diejenigen aus dem Netz auszuschließen, die eben nicht dazu gehören und bitte draußen bleiben sollen.

Lassen Sie Ihr Funknetz ungeschützt, so kann jeder auf Ihre Kosten und in Ihrem Namen im Internet unterwegs sein und sogar Straftaten begehen. Eine Sicherung des Netzwerkes ist also unbedingt nötig.

X

Xing

Ein soziales Netzwerk, das auf Geschäftsleute fokussiert. In Xing tauscht man weniger Urlausbilder, denn Geschäftsideen und Arbeitsangebote aus.

Youtube

Eine große Videoplattform im Internet. Hier gibt es so ziemlich alles zu sehen: Fernsehen, Homevideos und sogar Musik in sehr guter Qualität. Alles kostenlos! Ein Besuch lohnt sich immer!

Z

Zertifizierte Internet-Shops

Wenn man beim Einkaufen im Internet doch wüsste, welchem Anbieter man vertrauen kann. Beim Stadtbummel ist das ja kein Problem.

Man kennt die alt eingesessenen Händler schon seit Jahren, die großen Kaufhäuser können sich schlechten Service und mangelhafte Ware einfach nicht erlauben. Aber im Internet?

Auch hier gibt es Anhaltspunkte – seriöse Händler lassen sich zertifizieren. Wobei man auch aufpassen muss. Nicht alle Zertifikate sind den Platz auf dem Bildschirm wert, den sie einnehmen.

Aber Sie können die Zertifikate überprüfen: Klicken Sie einfach auf der Zertifikat, landen Sie dann bei einer vertrauenswürdigen Institution und finden Sie dort Ihren Online-Händler gelistet – dann dürfen Sie mit großer Sicherheit davon ausgehen, dass Sie bei einem seriösen Anbieter gelandet sind.

ZIP

Eigentlich aus dem englischen „Reißverschluss" - was ja auch Sinn macht, denn eine „gezippte" Datei ist zusammengepackt und mitunter nur noch ein Zehntel so groß, wie die Originaldatei.

Dadurch sparen Sie beispielsweise beim Versenden einer ZIP-Datei viel Datenplatz.

Sie können aber auch mehrere Dateien zu einer ZIP-Datei zusammenfassen. Reißverschluss auf, alle Daten rein, Reißverschluss wieder zu. Eben wie beim packen der Reisetasche - da wundert man sich ja auch, was da so alles reinpasst.

Der Autor:

Ulrich Geiger, Fernsehjournalist, studierte Elektrotechnik. Er leitete die TV-Redaktion der Computersendung „c't magazin" und arbeitete als Redakteur für den ARD Ratgeber Internet. Bekannt wurde er durch seine Auftritte als Computerexperte in der Tagesschau und bei den Börsensendungen im Ersten. Radiohörer kennen ihn von seinen regelmäßigen Ratgebern und Hörerstunden. Im Jahr 2013 wechselte er in die Intendanz des Hessischen Rundfunks.

www.ingramcontent.com/pod-product-compliance
Lightning Source LLC
Chambersburg PA
CBHW050213230526
45470CB00001B/358